猛犸河谷

刘江波 著

U0213072

陕西新华出版传媒集团

未来出版社

图书在版编目（CIP）数据

猛犸河谷 / 刘江波著 . -- 西安：未来出版社 ,2015.12
ISBN 978-7-5417-5882-9

Ⅰ . ①猛… Ⅱ . ①刘… Ⅲ . ①古动物 – 少儿读物Ⅳ . ① Q915–49

中国版本图书馆 CIP 数据核字 (2015) 第 279415 号

猛犸河谷
MENG MA HE GU

社　　长	尹秉礼
总 编 辑	陆三强
选题策划	陆　军
特邀策划	时立新
责任编辑	陆　军　王小莉
美术编辑	许　歌
封面设计	Tiger
内文插图	Tiger
内文制作	泰格印象工作室
出版发行	未来出版社
	地址：西安市丰庆路 91 号
	邮编：710082　电话：029-84297353 84289329
经　　销	全国各地新华书店
印　　刷	西安新华印务有限公司
开　　本	787mm×1092mm 1/16
印　　张	11.5
字　　数	161 千
版　　次	2015 年 12 月第 1 版
印　　次	2016 年 4 月第 2 次印刷
书　　号	ISBN 978-7-5417-5882-9
定　　价	29.80 元

目 录

主要角色

雷吉特　　　苍鹰部落首领
苏　达　　　雷吉特妻子
阿依达　　　雷吉特之女，喝猛犸乳汁长大
迈阿腾　　　苍鹰部落前任首领
提可多　　　苍鹰部落勇士
赫达林　　　独眼部落人，擅长制造石器，被苍鹰部落所救后留了下来
阿　姆　　　赫达林妻子，高个子女人
蒙　可　　　苍鹰部落勇士，赫达林和阿姆的儿子
乌　格　　　萨满女巫，集法术、巫术和医术于一身
巴　汗　　　苍鹰部落中的残疾老人，会钓鱼捕鸟
萨　拉　　　提可多妻子，巴汗的女儿
德阿蓬　　　苍鹰部落猎手，擅长钻木取火
辛布力、寒达篷　苍鹰部落猎手，提可多的助手
浩尔岭　　　辛布力之子

奇尔达策　　克洛维斯人，长者
洪尔古齐　　克洛维斯人，首领
晨达旭　　　克洛维斯人，石器高手
敖尔然　　　晨达旭之子
米哈良、阳谷孟　克洛维斯人，猎手

埃塔　　　　猛犸首领，雌象
娜拉　　　　埃塔之女
博恩　　　　老年猛犸
苏辛、海茜　雌象
阿贝　　　　海茜之子
加尔琪　　　雌性灰狼，由阿依达喂养长大
命运、星辰　雄性剑齿虎

第一章 雪夜遇袭

第一节

1万年前，在北美大陆的落基山脉西部，有一处美丽的山谷，这里生活着成群的猛犸，是名副其实的"猛犸河谷"。这里曾经到处是冰川，但到后来，气候变暖，冰川融化①。

在科罗拉多河的诸多支流中，有一条河弯弯的，像玉带一样穿过了猛犸河谷。夏季，河边生长着丰茂的绿草，河水清可见底，大大小小的鱼儿在欢快地游动。到了深秋，叶子全都变了颜色，远远望去，树木上就像落满了五颜六色的蝴蝶。

此时刚入冬，冰川不再融化，河水已经透出丝丝寒意。只有中午的时候，空气中才会透着些阳光的味道。

象群的首领——埃塔，领着一群猛犸在河的下游悠闲地喝水。母象埃塔足有三米高，半球形的脑袋高高地昂着，肩上隆起储藏脂肪的肉垫。它的尾巴短小，耳朵小巧玲珑，这些都有利于它更好地储存热量。

河面上竟然出现了细碎的冰粒，这让几头小象很不适应。成年猛犸们也明显感觉到了：天气的变化越来越难以捉摸。像埃塔这种成年的猛犸，已经很能适应严寒季节。因为它们不但表皮厚实，而且上面附着一层紧密而柔软的棕色绒毛，就像全身裹着一条半米厚的毛毯。另外，它们的皮下脂肪足有七八厘米厚，使得

猛犸的身体天然有了极为密实的挡风帘。猛犸那对巨大的象牙②自下颚利落地伸出来，之后再向外、上卷起，最后向内屈起。当然，对于大多数猛犸来说，象牙除了是一种重要的防身武器外，还可以用来扫开积雪，觅食积雪下的枯草。

埃塔的情绪有些紧张，它高高的头颅似乎更能接近天空，所以也更能敏锐地感受自然的变化。在它担任象群首领的这几年中，这条河的结冰期一直很短，而且冰面也很薄，使得猛犸们能很轻易地破冰饮水。然而，望着从上游漂下来的冰粒、冰块，埃塔有点焦虑，不得不开始考虑怎么应对。在埃塔的身边，紧紧跟着一头小象，它总想钻进母亲的肚皮下去品尝那甘甜的乳汁。埃塔一边用长鼻子轻轻地推开它，一边试图教会它怎样区分青草和枯草。但是，小象的执着让埃塔放弃了推挡，只好任由小象钻进来大口地吮吸着。河边的其他几头小象，也围着各自的母亲无忧无虑地嬉戏着。它们还没有意识到，今年的气候十分反常，象群的食物已很紧张，猛犸又要面临迁徙了……虽然猛犸们很留恋这个生活了多年的河谷，但是今年象群添了三头小象，这个食物匮乏的冬季对它们来说，将是难熬的。

一阵风吹过来——猛犸河谷很少刮风！这阵风似乎促使埃塔最终下了决心：为了猛犸象群中这些幼小的生命，必须迁徙！它甩了甩长鼻子，发出了一声低沉的呜呜："昂——呜——"

小象们停止了嬉戏；几头慵懒的老年猛犸慢慢地围拢了过来；河边的青壮年猛犸们停止了咀嚼——首领已经发出了号令：准备离开它们生活多年的家园，涉水过河，向南方迁徙。

埃塔甩着长鼻子，拔高了音调又鸣了一声："昂——呜——"这一回埃塔显然生气了，它的声音显得高亢而刺耳，甚至惊动了林中的飞鸟，刚才还在迟疑的猛犸们立刻选择服从首领的命令。当队伍慢慢聚拢过来的时候，埃塔有意无意地朝着河对岸看了看，根据多年前的迁徙路线，它们将要蹚水过河，沿着河岸往下游寻找繁茂的草场。

河对岸的地势渐高，大大小小的山脉连绵起伏。生活在那里的苍鹰部落的人类，不知将会如何应对这样的天气变化？会不会和猛犸一样，也要往食物充足的地带迁徙？

★★★

① 在地球形成后40多亿年的历史中，曾出现过多次的显著降温，形成冰期。最后一次冰期发生于11万年前，当时的北美洲大陆，受末次冰期的影响，大部分陆地被厚重的冰原所覆盖。到了大约1万年前，地球进入了冰川消融期，史称"全新世"，又叫"冰后期"。全球出现了气候变暖现象，冰原、冰川相继融化，海平面上升，平原上大片植被受淹，高山成了植物的避难所，大量的动物从地球上永远消失了。然而，人类的活动却频繁起来，可以说，现代人类的文明，起步于全新世。

② 成年雄性猛犸身高5米以上，体重超过10吨，象牙可长达4米。象牙到了这种长度，已经生长成交叉的形状，看起来很美，但实用性不强。

第二节

一直以来，隔河而居的两个不同生物种群之间似乎有种默契——人与象之间，彼此守望，互不相犯。

但埃塔不会知道，它的这两声呜呜，已经惊扰了人类精心设计的一场狩猎。当时，在河对面的一片茂密的针叶林中，苍鹰部落①的首领雷吉特早已布置好了人手，他们的目标是前方不远处正在悠闲吃草的北美驯鹿群。对于这次狩猎，雷吉特多少有点儿紧张。昨晚，部落里的萨满女巫②乌格与苍鹰守护神进行了一次通灵对话，神灵告诉乌格：部落将面临一场巨大的灾难！乌格无法确定灾难的具体指向，但她却能感受到天气的反常和一场极为罕见的暴风雪即将来临。所以，

她认为雷吉特必须尽快准备过冬的食物。

部落里很多人觉得不可思议，包括雷吉特也有这样的疑问：河面还没有结冰的迹象，河边的草还没有完全变黄，怎么可能会突然下雪？但是，部落里只有乌格能与神灵对话，虽然大家都不太喜欢这位面目狰狞的女巫，但却没有人怀疑她的超自然能力。当然，集巫术、医术、法术于一身的乌格，也确实是部落里最有远见、最有智慧的人。每次部落面临重大抉择时，都是她按照神灵的指示化解灾难，指引着部落向正确的道路前进。每次当有人受伤生病时，也是乌格用一些花花草草解除了这些人的痛苦。

所以，雷吉特带着对女巫的无限崇敬和无条件信服出发了。由于女巫告诉他时间非常紧，所以这次狩猎必须成功，如果失败了，会影响到他作为部落首领的威严，也会让大家面临饥饿的危险——如果暴风雪真的如期而至的话。

这群北美驯鹿是从东北方的山谷迁徙来的，身体矮而粗壮，善于奔跑和游泳。成年驯鹿的毛皮呈浅棕色，质地细软，有非常好的隔热作用，所以是最合适的御寒材料。雷吉特看着鹿群正在向埋伏圈行进，美好的念头油然而生：鹿皮可以用来给女巫换一张新兽皮，给妻子苏达做一条披肩，还可以给自己即将出生的孩子做一套暖和的衣服。他观察着与鹿群之间的距离，同时估摸着手中的投矛器能把矛枪抛出去多远。赫达林改良的投矛器是用鹿骨制成的，一端有横板，把矛枪放在光滑的一面，支撑在横板上，然后用力一推，矛枪的飞行速度和杀伤力都大大增强了。投矛器也使猎手们的信心大增，甚至不再畏惧凶悍的短面熊和恐狼了。

右前方的树林里寂静无声，但是雷吉特知道，埋伏在那里的提可多肯定等不及了。这位勇士是他的好助手，勇猛彪悍，狩猎本领高强，在部落里的地位仅次于自己，但是他好冲动，像今天这样的忍耐已经很难得了。大家都在等待首领发出信号，雷吉特心里也在默默计数着，十步……再有五步，就可以首先投矛。不出意外的话，他这一组猎手至少能射倒两到三头驯鹿，但是侥幸仓皇而逃的驯鹿

也不会太幸运，提可多他们会掷出第二轮矛枪。

就在雷吉特把手指放到唇边，准备发出信号的一刻，一声刺耳的吼叫从河对岸传来："昂——呜——"

北美驯鹿受了惊吓，走在前面的几头开始往回跑，它们冲乱了队伍，无形中加剧了鹿群莫名的恐慌，鹿群开始慌乱地四散奔跑起来。事出突然，雷吉特不得不马上发出信号。猎手们呼喊着冲杀出来，边跑边掷出矛枪。然而，距离终究是远了，矛枪纷纷落在离鹿群不远的地方。雷吉特看到有一头未成年的小鹿落在最后，他吆喝着大家去围追堵截。提可多身材最高，两条腿更是强健有力，过人的爆发力使他冲在了最前面，缩小了与小鹿之间的距离。然而，这头小鹿求生的欲望非常强烈，终于将提可多甩在了后面。可是，猎手们已经布好扇形阵，提可多的追赶只是让小鹿冲到了另一个猎手德阿蓬面前。体力充沛的德阿蓬和疲惫不堪的小鹿展开了另一场追逐。德阿蓬越追越近，他几乎能闻到小鹿身上的气味。他举起了矛枪，猛刺过去，可惜只擦破了小鹿一点儿皮。感受到疼痛的小鹿突然转身，拼命奔跑起来。而德阿蓬显然没有那么好的转向技能，竟然重重地摔倒在地上，捂着脚踝痛苦地叫起来。

雷吉特边跑边大声地叫喊着，让这头小鹿更加恐慌。根据经验，他知道眼前的动物支撑不了多久，他尽可能地把小鹿往第一次出来狩猎的少年——蒙可那里赶。在苍鹰部落，10 岁的男孩子便可以参加狩猎，如果有所收获，就能成为部落中新的猎手，而且从此，女人们——包括他的母亲，再也不能把他当孩子使唤。蒙可是赫达林和阿姆的儿子，可能是因为来自于母亲的遗传，他长得比同龄孩子要高很多，此时正拿着矛枪，紧张地盯着越跑越近的猎物。

"蒙可，投枪！"雷吉特停下了脚步，因为小鹿已经半跪着了，皮毛被汗水浸透，耷拉着脑袋，嘴角泛出了白沫。

蒙可握紧手中的矛枪，慢慢靠近这头筋疲力尽的幼兽。他把矛枪举得高高的，

用力地向前一刺。赫达林亲手给儿子打磨的枪头硬而尖利，一下子便刺穿了小鹿的毛皮，深深地扎进了它的腹腔。小鹿发出了痛苦的哀鸣，四只蹄子乱蹬了几下，终于一动不动了。

雷吉特拍拍蒙可的肩，祝贺他成为新的猎手。其他猎手围过来，纷纷上前向蒙可表示了祝贺。蒙可兴奋得不知所措。有人翻出用动物筋腱拧成的绳子，把小鹿的四蹄捆起来，同时将两根矛枪并在一起，穿过绳子，把猎物挑了起来。

只有提可多心有不甘，他望着已经逃远的驯鹿群，不禁骂了一句："该死的长毛象！"

"算了吧，提可多！"苍鹰部落的人类说话时已经会使用一定的词汇，再加上变幻无穷的肢体语言，他们已经拥有了丰富而细致的语言表达能力。雷吉特打着手势说："这和猛犸没关系，也许是神的指示，让这些驯鹿得以逃生。如果神灵让我们渡过难关，那么回去的路上，我们还会有收获；如果神灵要我们挨饿的话，我们也只好忍受了。"

提可多想去猎杀一头猛犸，这样可以一个冬天都吃不完，可是他不敢随便说这种话，因为苍鹰部落一向不打猛犸的主意。况且在部落里，向来是首领说了算，二把手和其他所有人一样，都得无条件服从。

① 部落一般是指原始社会中由若干血缘相近的宗族、氏族结合而成的集体。部落形成于旧石器时代的中晚期，有较明确的地域范围、名称、方言、宗教信仰和习俗，有的部落还设最高首领。各部落之间的关系并不友好，如果外族人进入自己地盘，多数情况下会遭到防范或者驱赶。到了新石器时期，人类之间的交流得以加强，为了抵御野兽的攻击或增强宗族的实力，某些部落开始接纳外族人，还有些弱小的部落会合并，最终导致了血缘联系逐渐被地域联系所取代，出现了新的部落联盟。

② 萨满巫师在部落中地位崇高，他（她）们会拥有很多重要角色，比如医生和祭司。

人们相信他（她）们能和神灵交流，祈求族人狩猎成功、躲避凶险等。他（她）们还会用药用植物来为族人治病。就连部落首领，对萨满巫师也是恭敬有加，但凡有什么重大决定，都要先征求萨满巫师的意见。

❈ 第三节 ❈

苏达的肚皮高高隆起，坐在火堆旁，往火堆里扔小石头。在她的右手边有一个"烤坑"，坑里储满了水，底部铺了一块动物的皮。苏达用两根树枝熟练地从火堆里捡起那些烧得通红的石头，将它们投进水里。石头在水里发出了"嗞嗞"的响声，水面随即冒起白汽。苏达将变凉的石头再次扔进火里，再把其他烧红的石头扔进水里。这样来来回回，坑里的水就沸腾起来。提可多的妻子萨拉递过来一把柳树皮，苏达让她直接扔进沸水里，又让她把采摘来的麻叶荨麻摘下几片来，和柳树皮一起放进沸水中。

每次猎手们外出打猎，在家里守着的女人们都会提心吊胆，各种草药也都准备齐全，不知道谁家男人会在与动物的搏杀中受伤或者丧命。但这次大家都很高兴，因为雷吉特他们只去了半天就返回了，不但有丰厚的收获，而且绝大多数人安然无恙，德阿蓬也只是扭伤了脚踝。女巫的药方通常是保密的，但乌格却对苏达有着特殊的好感——或者是因为苏达死去的父亲也是巫师吧——所以苏达掌握了一些简单的草药配方，比如鸢尾草用来消炎伤口，比如蛇麻草有镇静和催眠的效果，比如柳树皮加上少许的麻叶荨麻，熬成药汤用来擦洗伤处，可以消肿止痛……配制这些常用药方，苏达已经不必请教乌格了。

雷吉特他们受到了族人们的热烈欢迎，他们收获的不只是一头幼年驯鹿，还有一头体型肥壮的短面熊。当然，这纯粹是一个意外收获。

也许是北美驯鹿的提前迁徙，很多食肉动物都被惊动了。雷吉特他们在回来的路上，居然发现了一头受伤的短面熊，正在被三匹面颊粗短、颚骨强劲、牙齿巨大的恐狼[①]包围着。短面熊虽然力大无穷，有时连凶猛的剑齿虎都要避让三分，但眼前这头苍老的短面熊已经威风不再，被三匹饥饿的恐狼夹击着，早已没有了还手之力。恐狼的捕杀手段和猎手们异曲同工，都是利用巧妙的配合，敌进我退，敌疲我扰，不断消耗着短面熊的体力。当然，在团队配合方面，动物应该是人类的老师，原始社会的猎手们就是在观察和模仿动物的捕猎行为中学到了技巧，而且随着捕猎工具的更新换代，使得人类终于能够通过合作捕猎大型野兽了。

眼看着短面熊浑身是伤，它的吼叫越来越短促，转身越来越迟缓，巨掌挥舞得越来越无力，雷吉特意识到：从恐狼嘴里抢夺战利品的时机已到！在他的指挥下，提可多带着三个猎手，用石斧砍下了几根干枯的树枝，再用石刀削去树皮，寻来一些坚韧的干草捆在树枝的一头。这些富有经验的猎手们，迅速地做成了几根火把。雷吉特从腰间取下一只野牛角，拔下木塞，小心地倒出一块阴燃着的木炭。他让火把头上的枯草靠近木炭，使劲地向着木炭吹气，眨眼间，枯草便被吹燃，火把也随即燃烧起来。

短面熊已经伏在地上，只剩下喘息的力气了，恐狼正要享受美味大餐。"嗖嗖嗖"，几支矛枪呼啸着飞过来，其中两支准确地扎在了短面熊的要害处，另外两支擦着一匹恐狼的头顶飞了过去。紧接着，几个猎手挥舞着火把，举着矛枪冲过来。动物们对火有一种与生俱来的恐惧，恐狼无可奈何，只能落荒而逃。恐狼虽然是凶残的食肉动物，但是战胜短面熊的机会也是少之又少，眼看难得的一次胜利，又被比它们更聪明的人类窃取了成果！

雷吉特他们吃力地将短面熊抬回来。先将它的心脏取出来恭恭敬敬地埋起来，这是给神灵的祭礼。接下来，女人们开始分解猎物。然而，新捕的猎物还不能马上食用，必须要让萨满女巫先举行祭祀，感谢神灵的庇护之后方可食用。

部落的人们都很兴奋，尤其是蒙可，像个勇士似的，接受着大家的赞美。他叫了声："阿姆，有没有好吃的？"身材高大的阿姆一脸自豪地答应了一声，递给他一根野牛骨头。阿姆当然知道，儿子对牛羊的骨髓情有独钟，也许他长得这么结实，就是得益于食用这些东西。蒙可接过牛骨头，到父亲那里找了块儿坚硬的石头，"砰砰砰"地砸了起来。

阿姆身高足有一米八，这使她显得异常高大。此时，她带着满意的笑容回身看了看正在敲击石器的丈夫。一只眼睛的赫达林用一根烧焦的木棍，正在一块燧石上画出要凿的图形。这对夫妻是部落前任首领迈阿腾带大家从短面熊的利爪下救出来的，此后他们就留在了这里，并且生了个结实的孩子蒙可。赫达林给部落带来了很多新的知识，尤其是在武器制造方面。他的半边脸和一只眼睛被短面熊打残之后，就开始专注改良投矛器。这次捕猎的成功，虽然有运气的因素，但投矛器的威力还是彰显出来了。

部落里的人以拥有赫达林的石器而自豪。别人的石刀石凿，都是敲碎燧石，从中选择锋利的碎片拿来使用，但赫达林却是先画好想要的图形，再巧妙地将燧石敲成图形的模样。所以他的石凿锋利无比，是分解大型猎物最趁手的工具。此时的赫达林发觉到了妻子的得意，他的右脸满是伤痕，右眼也干瘪着，但他的左眼还是闪动着温暖的目光，显然他对儿子的表现也是认可的。但他作为父亲一向严肃，所以只是轻轻点了点头，算是应和妻子，接着提醒她："你的小衣服，该完成了。"

阿姆答应了一声，又拿起手头那块鹿皮，用一根长长的骨针，穿上了坚韧的野牛筋腱，就缝制起来。她边缝边向火堆边张望，遇到苏达的眼神时，她指了指苏达的大肚子，又比了比小衣服，意思是告诉苏达，这件柔软的鹿皮衣服，就是为她即将出生的孩子准备的。

雷吉特命令猎手们休息，准备参加晚上的祭祀。他在奔向妻子身边时，巴汗

拦住了他。巴汗是提可多的岳父，萨拉的父亲，可是萨拉和提可多对他却并不好，也许是嫌弃他，因为巴汗的右臂被恐狼咬断了，左手也只剩下了三根手指。此时他提着一尾大鲇鱼，说什么也要献给雷吉特。雷吉特知道巴汗对自己是心存感激的，因为这些年他对部落里的老人们关爱有加，老人们也总用各种办法，时不时地套些松鼠、野兔，或者打些飞鸟，让大家换换口味。即便是眼前这位残疾老人巴汗，骨质鱼钩却做得极为巧妙，也有一手钓鱼的绝活儿，几乎每天都有收获。

雷吉特急忙接过鱼，并向巴汗表示了感谢，还说哪天闲下来，要和巴汗学上一手。他提着鱼匆匆来到火堆旁边，看到妻子已经煮好了药汤，萨拉正用一个桦树根抠成的木碗，盛了满满一碗，给受伤的德阿蓬去送了。

雷吉特听女巫乌格说过，苏达应该多吃生鱼脑，这样对未出生的孩子有好处。他用石头小心地砸开鲇鱼的头骨，这一次他的力道恰到好处，没有像上次那样把鱼脑子砸得稀烂。他略有些得意，随即把透明的鱼脑送到妻子苏达嘴边。这个年轻的女人额头很宽，有着高挺的鼻梁和一双淡蓝色的眼睛。她看到丈夫的殷勤举动，却微微皱起了眉头，显然是不太适应鱼脑的腥气。但是雷吉特手中的鱼脑再一次递过来，她只得勉强张开嘴，吸吮起来。

雷吉特看到妻子喝光了鱼脑，心里很高兴。这位平素威严公正的首领，在这个时候也现出难得的温情来。他用手比画着，把捕猎的经过讲述了一遍，尤其是他扔出去的矛枪，正扎在短面熊命门上。一边说着，他一边把鲇鱼身子扔进"烤坑"，鱼肉的鲜味很快飘上来。他告诉苏达，明天要去磨一只鱼钩，准备向巴汗学钓鱼。

苏达饶有兴趣地听着，手却不由自主地抚摸着自己高高隆起的腹部，狼皮衣服覆盖着的肚皮一起一伏，里面的小生命似乎跳起舞来了。雷吉特显然注意到了苏达肚皮的波动，他连忙把脸贴上去，感受着这血脉的跳动，脸上充满了期待。突然，他似乎想起了什么，便伸手在兽皮衣服里摸来摸去，摸出一颗尖牙来。这是上次狩猎的战利品，现在已经被他磨穿了一个洞，他把树皮搓成一条线，灵巧

地穿过这颗牙，让它变成了"尖牙项链"。雷吉特将项链挂在妻子的颈上，苏达轻轻捏起这颗牙齿，看了又看，眼睛里充满了喜悦的光芒。

★★★

① 恐狼比普通灰狼身体稍大，但比较矮，体长约 1.5 米，50～80 千克重。它的身体构造和现代的狼不同，身体更健壮结实，四肢比较细而且短，不擅长奔跑，在食物链的位置比较像鬣狗。它的下颚组织很大，牙齿巨大，能咬碎骨头。恐狼通常在夜间集体捕食，令猎物防不胜防。大约在 10 万年前，恐狼在北美洲出现。在人类抵达北美洲后，大部分的大型哺乳动物开始消失。恐狼由于进化缓慢，不能猎食较灵活的猎物，在距今 1 万年左右，终于灭绝。

第四节

傍晚的山洞热闹极了。受伤的德阿蓬也不甘寂寞，他是部落里最出色的"取火能手"。他在一截干树枝上挖了一个洞，往里面撒了些干苔藓粉末儿，再插进去一根细细的木棍，然后快速地转动木棍。没多大工夫，火苗"呼"一下蹿了起来，照亮了山洞。

这座宽敞的山洞是萨满女巫按照神灵的指引，带领前任首领迈阿腾找到的。此时，女巫正在山洞深处的一个洞室中，那里是苍鹰守护神的供奉之所，除了女巫和部落首领，别人不能进入。地位崇高的萨满女巫，也只有在祭祀的时候才能进入洞室，她要在那里静坐冥思，找到与神灵沟通的灵感。

仪式开始前，一些参与狩猎的猎手们找了一块石壁，用木棍蘸着红色赭石细粉，在石壁上画着狩猎经过。蒙可画了一头小鹿，又画了一个拿着投枪的小人儿——那是他自己。而提可多在完成了最后一笔后，表现得异常兴奋，因为

扎入短面熊腹部的那支投枪是他掷出的，他认为那是最致命的一击。如果不是长毛象的破坏，今天他可能还会收获至少三头驯鹿——部落里一次猎取驯鹿最多的迈阿腾，也不过是两头！想到这里，提可多心中又升起了猎取长毛象的渴望——如果能猎取到一头十吨重或者八吨重的长毛象，他将成为最耀眼的明星猎手——而且，他心中已经有了一个捕杀长毛象的"伟大"计划。

被幻想的火焰烧昏了头的提可多又提起了树枝，他画了一头长牙巨兽，在巨兽的左前方画了一个拿火把的人，当准备在巨兽右后方画一个陷阱时，他的树枝被人夺去了。雷吉特怒气冲冲地折断树枝，责问提可多，怎么可以忘了在迈阿腾面前发的誓：苍鹰部落的人是不能猎杀善良温顺的猛犸的！

多年以前，迈阿腾领着族人迁徙时，就在猛犸河谷，大家被狼群包围了，几乎遭受灭顶之灾。幸运的是，猛犸象群经过，它们庞大的身躯吓跑了狼群，苍鹰部落的人得以保全性命。那以后，部落就留在了猛犸河谷，并且找到了这座理想的山洞。为了感谢猛犸的救助，迈阿腾带领大家发誓：永远不得猎杀猛犸。提可多当然知道这段历史，但他还是不甘心自己被当众责骂，几乎就要爆发了，可最后终于压住怒火，低下头，左手抚在胸前，表示愿意接受首领的处罚。

雷吉特是个宽厚的人，他总是善于克制自己的情绪，平时对部落里的人也是恩多威少，大家更多是尊重他而不是害怕他。但此次提可多触犯的是迈阿腾的誓言，虽然迈阿腾此时不在部落中，但他的地位是不容侵犯的。因此，雷吉特摸着提可多的头，告诉大家：这个月睡觉的时候，提可多都要守在洞口负责警戒。另一项惩罚是：提可多不能参加今晚的祭祀活动了，而是去山上砍柴。天色将变，洞里必须准备足够的干柴。

提可多黑着脸，提着石斧出洞了。他望着昏黄的天边那块墨黑的乌云，不禁暗暗地咒骂了一句，上山去了。

　　大家在山洞里议论纷纷，萨拉更是羞愧地低着头，缩在角落里不敢出来。没过多久，只听得"丁丁当当"的声音，所有人都站了起来——乌格过来了。

　　部落里只有女巫才可以佩戴贝壳、海螺、骨头穿成的大项链，所以乌格走路时，总有美妙的音乐响起，这使她在部落里显得既神秘又神圣。人群自觉地分出了一条路。乌格的脸上布满了纵横交错的疤痕，这些疤使得乌格的脸看起来始终是阴沉冷峻的，成年看不到阳光的影子。乌格的手臂上画满了各种神秘的符号，拄着一根长长的骨头拐杖，拐杖上面装饰着苍鹰的羽毛。

　　猎手们站在了火堆前，乌格眼睛里射出火一样的光芒，她看着每个猎手的脸，大家就像着了魔似的，呆呆地站在那儿一动不动。乌格举起拐杖，在每个猎手的头上转着圈，接着，她闭上眼睛，轻轻地哼唱着。她的哼唱声越来越大，整个身子也跟着摇摆起来，就像一个迅速转动的陀螺。突然，她大叫了一声："神圣的苍鹰守护神啊，您智慧公正！您无所不能！您看到了我们的困境，您一定会指示我们，如何面对严寒和饥饿的！"

　　乌格大叫了三声，雷吉特急忙奉上一块硕大的熊肉。乌格把肉抓起来投进火里，又开始哼唱起来。这回是轻轻地左右摇摆着，像是一棵在风中摇晃不停的小树。最后她挥舞手臂，像是在召唤大家一起跳舞似的。看到这个动作，雷吉特跳到了女巫面前，伸出手搭在眼前，似乎在向远方观望。突然他一指前方，好似发现了猎物，接着，指示大家分头伏击。猎手们一个接一个地上场，或者埋伏，或者做着投枪的姿势……后来他们欢呼着跳起来，小蒙可冲了上去，做出了一个刺杀的动作。

　　原来他们是在还原猎取小驯鹿的场面，接下来还要表演猎杀短面熊的舞蹈。部落里的其他人都被这生动的场面深深感染了，他们仿佛已经置身于丛林之中，跟着首领去围追堵截一群猎物。这种感同身受的艺术效果，将这场祭祀活动推向了高潮。

❧ 第五节 ❧

夜晚的猛犸河谷是寂静的，尤其在这个风雪骤降的黑夜，守在洞口的提可多甚至能听到大片大片的雪花落下来的声音，他很诧异天气怎么会变得这么超乎想象地反常。洞内的掌声和欢笑声让洞口的提可多内心如焚。雪花刚刚开始飘落的时候，萨拉奉命给他送来了一块烤熊肉，又传达了雷吉特的命令：一定要准备好充足的木材，洞口这堆火绝不能灭掉！骤然下降的气温使得柴火燃烧的速度加快了，身前的这堆火显然坚持不了多久了。他几次想举着火把出去寻找树枝，可是一踏到洞外冰冷的雪地，面对无穷无尽的黑暗，又不由自主地缩了回来。

火苗在渐渐地缩小，火焰的余温让提可多的眼皮越来越沉……

突然，一声无比刺耳的"嗷呜——"惊醒了提可多。火焰早已熄灭，在洞口的雪地上，有几道刺眼的光——提可多惊恐地揉揉眼睛，竟然看到洞外无数只绿莹莹的眼睛，就像无数个从地狱中冒出来的绿色幽灵一样，飘浮在四周……

啊！恐狼！提可多伸手摸起身边的矛枪，用力地掷了出去。尾巴上带着皮绳的矛枪在空中划出一道弧线，一双绿眼睛惨叫着应声而灭。随即，很多只绿眼睛围了过去，惨叫声戛然而止，变成了争抢咀嚼的声音。这帮家伙，连同类都吃！提可多的头皮发麻，他手忙脚乱地去摸武器，同时，他的口中发出了惊天的怒吼："噢啊噢啊……"他现在最盼望的，是雷吉特和大家举着火把立刻出现在这里。

苍鹰部落的人深知恐狼的残忍，好在雷吉特有着丰富的捕杀恐狼的经验，他多次指挥大家布置陷阱诱杀恐狼，而每一个风雪夜又都是苍鹰部落必须严阵以待的时刻，所以他才让萨拉去叮嘱守洞口的提可多，一定要多准备干柴，千万不要让火堆熄灭。

提可多连连高呼，他又刺翻了两匹恐狼，可是他的身上已经被恐狼的利爪抓

出了多处伤痕。终于，一匹、两匹……数不清的恐狼冲进了洞中，开始了疯狂地撕咬。凄厉的惨叫声，女人和孩子无助的哭声……各种嘈杂的声音在空气中交织着，极其恐怖，再加上越来越浓的血腥味道，山洞顷刻间变成了地狱，到处充斥着死亡的气息。

山洞内的火堆也只剩下一点儿火星，雷吉特清楚：眼前这点火星是拯救部落的唯一希望。他奋力把石矛刺进了一匹恐狼的身体内，又一脚踢翻扑到他身上的恐狼，但左腿被撕掉了一块皮肉，鲜血正在汩汩地往外流。他顾不得去看伤口，不顾一切地奔向最后一点儿余火。赫达林此时同样也意识到了火的重要，他抢先扑到了余烬未灭的火堆前，把手中的干树枝放进火星中。一匹恐狼这时候扑了上来，赫达林一闪，恐狼的利爪竟然抓进了他的右眼。赫达林怒吼一声，拔出腰间的石刀刺进了恐狼的身体。

天可怜见！那根树枝燃了起来，总算守住了最后一根火把。雷吉特冲过来，举着火把四处奔袭，火把扫过之处，恐狼一开始还四处躲避，但不断扩散的血腥味道，诱惑着恐狼贪婪残暴的野性，总有不顾死活的恐狼，在火把扫过的瞬间，又狞叫着扑上去撕咬。眼看着一根火把救不了整个山洞的人，雷吉特声嘶力竭地吼叫着，命令大家握紧武器，扶老携幼，紧随在他的身后，跟着他的火把往洞外冲。说罢，他拉起被吓得发呆的小蒙可，挥舞着火把，往洞口冲去。

人们奋力杀出洞口，随着首领一路奔逃。雷吉特手中的火把越来越短，到后来火焰甚至灼痛了他的手，他仍然不敢放下。黑暗中，赫达林摸到了一棵枯死的松树，砍下树枝，抖去积雪，烧烤了半天——终于，点燃了新的火把。

他们四处呼喊着，希望能有幸存的人围拢过来。雷吉特清点了一下，有三名猎手和四个女人，还有巴汗老人没有跟上来，他们多半凶多吉少。而且女巫乌格和他的妻子——即将要生产的妻子苏达也不见了。

"啊——"雷吉特向天怒吼，声音中充满了悲愤和无奈。

第六节

　　雷吉特不知道，苏达此时还留在山洞中。混乱开始时，她被恐狼咬伤了腿和左肩，伏在地上，寸步难行。她知道自己躲不过这场劫难了——就算不被恐狼咬死，她也会被人踩死。那一刻，她并没有为自己担忧，她只是心痛肚子里尚未出生的孩子。然而，在人和狼的殊死搏杀过程中，苏达被人扶了起来——借着雷吉特手中左冲右突的火把的微弱光芒，乌格半拖半抱着苏达，不敢往洞口走，只得往洞的深处退去。

　　苏达略微挣扎了一下，她知道乌格要带她去那儿。那座洞室她不敢进入，否则就是触犯了神灵。可是眼下，乌格也顾不了这么多，她把苏达拉进了洞室。那里自然漆黑一片，两个人听到的全是恐狼的嗥叫声以及族人的惨叫声，苏达的肚子一阵紧似一阵地疼起来。接着，她们都听到了雷吉特召唤大家的声音，苏达不顾一切地冲了出去，朝着火把的方向奔过去。可是她的肚子实在太大了，走了没两步，几乎跌倒在地上，她赶紧扶住墙壁。就在她气喘吁吁的时候，雷吉特举着火把带领大家冲了出去——苏达呼喊着丈夫的名字，可是洞里瞬间又变得一片漆黑，又有谁能听到她弱不可闻的声音呢？

　　天边终于泛起了亮光，雪不知道什么时候停了，伤痕累累的人们挤在一座小山包上，惊魂未定。提可多满身是血，一瘸一拐地出现在大家面前。没有人顾得上去责备他的疏忽，萨拉忍痛过来搀扶他——她的一只耳朵被恐狼撕掉了，还在往外渗着鲜血。幸好部落里的几个女人随身都带着药包，她们手忙脚乱地给受伤的族人敷着草药末儿。雷吉特忙着指挥大家把武器整理好，再多砍些干树枝来，把火生得旺旺的，防止恐狼的再次偷袭。安排妥当后，他不顾大腿的伤痛，带了

几个受伤较轻的伙伴，拿着石矛石刀出发了——他们顺着血迹斑斑的脚印原路返回，他们要去寻找乌格，寻找苏达……

天蒙蒙亮的时候，苏达追到了河边，她已经精疲力竭，摔倒在河边的草地上，身上的伤口似乎还在流血。最要命的是，她觉得肚子里的小家伙在用力地踢她。她不由得发出了低低的呻吟："啊……啊……"不远处，两匹嘴角还沾着血丝的恐狼出现了，它们是来找水的，却没想到会有意外的收获。它们慢慢走过来，苏达瞪圆了双眼，双手紧紧地护住自己的肚子，可是恐狼恶臭的气味越来越近，她在身前身后胡乱摸着，但是河边连块尖利的石头都没有……恐狼已经近在咫尺，其中一匹已经张开了邪恶的嘴巴，露出了两排宽大尖利的巨牙，苏达痛苦地闭上了眼睛。

"昂——呜——"雄浑厚重的叫声从树林里传来，沉重的脚步使大地不由震颤起来。两匹恐狼停止了进攻，它们回过身来，只见一个庞然大物从树林里走出来。它身披棕褐色长毛，一对长而粗壮的象牙向前伸展——而不是向上弯曲——说明它是一头青壮年的雌性猛犸。母象愤怒地吼叫起来，直接奔着恐狼冲了过来。面对着大山一般的对手，两匹恐狼吓得没了斗志，瞬间，它们就跑得无影无踪。

苏达没有被恐狼咬死，可是她面临的却是一头比恐狼强壮百倍千倍的"巨无霸"。眼看着巨兽越走越近，苏达突然间觉得下腹部一阵剧痛，这种痛使她即将崩溃的神经受到了新的刺激，她的眉毛拧作一团，眼睛几乎要从眼眶里凸出来，她不由自主地发出了急促而痛苦的叫声——

乌格闻声而来，她总算是追上了在黑暗中走散的苏达。可是，可怜的苏达已经停止了呼吸，她的一双大眼睛睁得圆圆的，似乎还在恳求眼前的母象，不要伤害她幼小的孩儿。

"呜哇——呜哇——"

　　河边传来一阵响亮的哭声，这哭声愈来愈响，似乎能穿破乌云，似乎能震撼整个猛犸河谷。

　　乌格远远地看到，那头猛犸居然伏下了身子。她虔诚地摇着贝壳项链，虔诚地祈求着苍鹰守护神，同时缓缓地向婴儿走去。婴儿的啼哭声停止了，难道惨剧已经发生了吗？是啊，婴儿太脆弱了，哪怕是猛犸的尾巴扫一下，也会让这个小生灵无法再感受阳光的温暖。然而，乌格身为萨满女巫，她始终相信神的力量能保佑这个孩子，一定能！

　　乌格走到了猛犸身边，眼前的一幕让她无比震惊，她瞪大了双眼，脸上每一道疤痕似乎都跟着跳动起来，她不敢相信眼前这一切是真实的——

　　猛犸伏在地上，两个膨胀的乳头正在往外冒着奶水，它尽可能地将身体靠近婴儿，试图让一些奶水流进婴儿嘴里。闻到乳香的婴儿忘了啼哭，本能地努着一张小嘴，却始终无法顺利喝到奶水。乌格回过神儿来，她感谢着神灵，摘掉贝壳项链，用其中的一枚接了一些奶水，再一点儿一点儿地送到孩子的嘴里。

　　哺乳期的猛犸奶水富含营养，只接了三贝壳的奶水，婴儿便吃饱了，居然打了一个响亮的嗝。她躺在河边的草地上，手舞足蹈，绽开了人生第一次笑靥。

　　太阳，恰在这个时候升起来，河面也泛起了粼粼波光。

第二章 迁徙之路

❧ 第一节 ❧

冬去春来，一转眼，八年时光过去了。这些年来，为了让苏达的女儿阿依达有奶水吃，乌格带着她随猛犸一起迁徙。猛犸象群的迁徙并不顺利。气候变暖，地球上的永冻层渐渐融化了，树木得以扩大生长范围，此长彼消，大片的青草却被挤掉了。广袤的森林不能供给猛犸这样的大型食草动物足够的食物，对于食物的强烈渴求，迫使它们不停歇地向南面移动。然而，内华达山脉的高原冰帽在炽热的阳光照射下开始融化，雪水顺着温暖的山麓四处流淌、汇合，形成一股股汹涌的急流，冲到山下，流进河里。河面变得宽阔起来，河水不断地上涨。这一路上，那些原本青草繁茂的平原，现在变成了一个个泽国。这样的变化，对猛犸们来说，绝对是个严重的威胁。

埃塔这样的成年母象，每天进食量达到 200 公斤以上，所以，为了生存，它们只能不知疲倦地走着，不停地用长鼻子卷起路边的青草填进嘴里。猛犸从怀孕到产仔需要近两年时间，在无休止的迁徙过程中，象群的繁衍受到了严重影响。八年中，有四头老象轰然倒下；八年中，只有三头小猛犸出生，其中两头不到一个月就夭折了，另一头更是不幸，在远离母象的一刹那，死于美洲狮的钢牙利爪下。出于对猛犸哺育阿依达的感恩，乌格实在不忍心看到猛犸种群的日渐凋敝[①]，

22

甚至面临着毁灭的危险，但她无力改变这个现实。她能做的，只有默默祈祷上苍，求神灵保佑这些巨大而温顺的动物们！

在象群行走了四年以后，也就是四年前，当行进路线再次被滔滔河水阻挡时，埃塔决定掉头，顺着原路往回走。也许在它心中——或者说在很多猛犸心中，都在怀念那座美丽富饶的河谷吧。

乌格站在高高的山岗上。山头遍布高大挺拔的落叶松，山顶的风很烈。天空中，几只苍鹰舒张双翼，划破天际，像不可一世的王者，俯瞰着世间万物。此时，乌格心中的信念更坚定了：苍鹰可能是最接近上苍的生灵，它们一定会最先感知神的启示。

风将乌格褪了色的鹿皮袍子吹起了无数褶皱，寒意渐浓。但乌格瘦小的身躯却岿然不动，一如她脸上纵横交错的疤痕一样——似乎再大的风也无法撼动她的坚忍。最近一段时间里，乌格总喜欢一个人静思，或者盘坐在密林深处的某块岩石上，或者倚在一株并不粗大的树干上。当然，她更多的时候是长时间地站立，站在最接近神灵的地方，苦思冥想，随时等待着神灵的召唤或启示。

没有谁知道乌格在想什么，即便是聪明伶俐的阿依达。作为人类种群中最神秘的角色，女巫向来拥有比同类更超前的智慧和思维。每一代女巫都是从前任那里继承了丰富的知识和经验，她们不用像其他妇女那样去操持饭食、鞣制皮革、抚养子女……她们凭借着巫术和医术，便可拥有部落中最尊贵的地位——哪怕是首领也要对她们毕恭毕敬。也因此，女巫能有更多的时间去感知世界，冥想未来。她们笃信神灵的存在，没有谁的信仰能像女巫那样单纯而虔诚，她们把每一次的灵感、收获都归功于神的指引。即便是她们亲尝百草，忍受着中毒的风险研究每一种植物的药效时，仍然将尝试的成果归功于神灵，从来不敢自夸。

此时的乌格却有些激动，虽然她表面上还是那么沉静，但内心已经泛起了涟

漪。她目光痴迷，长久地凝望着远处那条蜿蜒曲折的河流——八年了！八年！终于又见到了这条河，沿着这条河再往北走，就可以到达猛犸河谷了！猛犸象群八年的迁徙，终于又回来了。

猛犸从没有停歇，乌格也从没有停歇。以前在部落里，从来没有谁问过乌格的年纪，连她自己也忽略了，但部落里像乌格这样的老女人基本上不必出山洞，只是做些力所能及的小活计，就可以享受后辈的供养。当然，即便她们想做些重体力的工作，也力有不逮——因为环境的恶劣、医疗条件的限制，她们极少有人能活过30岁，活到的人身体已经很差了。

乌格年纪已然很大了，但她仍然不知疲倦地跟随猛犸行走。她不能停下来，因为一旦停下来，阿依达和她就会成为食肉动物口中的美餐。她奇迹般地跟着猛犸们行走了八年，因为她是女巫？因为她有神灵佑护，还是因为她那超越身体极限的坚强意志呢？或者，这些因素都有。

★★★

① 关于猛犸的灭亡，向来争论不一。有科学家认为和人类早期的大肆捕杀行为有关。从种种出土的史前遗物看，当时的人类已经掌握了精良的武器和娴熟的捕猎技巧，可以猎杀整群的猛犸象。也有人认为是因为气候变暖，草场植物减少了，它们得不到足够的食物，面临着饥饿的威胁。当然还有很多人认为，猛犸的繁殖期长达22个月，在不断迁徙的过程中，人类和猛兽的袭击使幼象的成活率极低，死亡率远远高于出生率，最终导致了这一种群的灭绝。

第二节

风似乎停了，阳光照在山岗上，洒下一地碎金。山脚下，猛犸们开始陆续进食。

成年猛犸正在用象鼻一整排一整排地扯下地上的野草。野草干燥坚韧，但猛犸钢锉一般的臼齿却能轻易地磨碎这些食物，顺利地把它们吞咽到肚子里。几头青年猛犸显然对咀嚼干草有点儿不适应，便四下里寻找纤细的落叶松树，用象牙将树连根拔起，撕下嫩枝和树皮，大口地嚼着。

乌格转身下山，只有迈开步子的时候，她才知道自己的腿有多疼。肌体的老化、营养的缺失、环境的恶劣、长期的奔走，使乌格的风湿病已经异常严重。她甚至不用观察天边的云——仅仅根据膝盖的肿痛程度就能预测是否会有一场大雪或大雨。虽然脚上穿着阿依达为她新缝制的兽皮靴，又柔软又温暖，但一点儿没有缓解她的疼痛。她不得不借助拐杖，蹒跚着走到山脚下。突然她顿了顿拐杖——她找到了当年做祭祀时的感觉，声音非常严厉："阿依达，出来吧！"

乌格的前方有一个隆起，外形是树叶、松针、泥土混在一起的土包。但是这个土包却忽地绽开，一个身材矫健的女孩欢笑着跳出来，她正想伸开双臂迎向乌格，一看到女巫脸上严厉的表情，又收回了手，像是犯了严重错误似的，垂着头不敢看乌格。

乌格叹了口气，语气虽然没有缓和，但已经没了刚才的严肃表情。她再度用拐杖顿了顿地面，似乎要以此来增加自己的威严。以前为了取暖，她曾经把阿依达埋进草垛或土里，虽然现在女孩已经 8 岁了，可是阿依达身体里有猛犸的野性，顽皮好动，似乎从不知什么是恐惧，比如爱往土里钻，往树叶里钻。尽管乌格警告她多次，猛犸不会分辨土中是否有人，一旦被它们误伤了，轻轻一脚或者是鼻子一卷，她的小命就会不保，但阿依达依然乐此不疲。猛犸的奶水营养丰富，所以阿依达长得非常结实。如果在山洞里，这个年龄的女孩都能干很多活了！

开始的时候，乌格曾经担心过——喝了猛犸的奶水，还会有人类的聪慧与灵敏吗？但让她意外的是，阿依达不仅身体健壮，接受知识的能力也超乎寻常。很多难以辨认区分的草药，阿依达只要采摘、品尝过一次，就会深深印在脑海中。

这让乌格欣慰不已。当然，也有让她头疼的地方，比如，阿依达总是不听劝告，热衷于给所有的猛犸起好听的名字，还喜欢围着它们转来转去。她多次和乌格说，埃塔通人性，它一直在保护着自己。对这个说法，乌格虽然没有表示赞同，但是她也观察过埃塔。她发现，在阿依达淘气的时候，埃塔总是无可奈何地甩着长鼻子。特别是有一次，当阿依达在距象群不远的地方聚拢了一堆土，并将自己埋进土堆里的时候，埃塔小心翼翼地移过来，挡在了那堆土的前方，似乎是怕有冒失的猛犸走过来踩到阿依达。乌格不能确定猛犸是否真有这样的智慧，但她承认，阿依达叫埃塔的名字时，埃塔有时候会停下来看她；叫埃塔的女儿娜拉的时候，小猛犸也有反应。就连那头眼神中对她们始终带着敌意的母象苏辛，在阿依达不停地叫它时，它也会表现出不耐烦的样子来，或者低鸣一声表示厌恶，或者悻悻地走开。只有叫那头衰老的雄象博恩时，才会永远得不到回应，但那完全可以理解——博恩的听力衰竭了，即便是首领埃塔发出的信号，它也昏头昏脑不予理会。

每当想到这些的时候，乌格对阿依达的担心就减轻了一些，但是对钻土堆、钻树叶这样的危险行为，乌格还是不能容忍，每次都会厉声呵斥。但乌格也知道，她的严峻在阿依达的活泼热情面前越来越无济于事，虽然她严格禁止阿依达用胳膊搂自己的脖子，但当阿依达"犯规"时，她却在那一刻感受到了前所未有的温暖。她甚至怀疑自己没有能力去教导阿依达，而只会一味地溺爱她，纵容她。

看到阿依达始终低着头，乌格的心软了，她往前迈了一步，却大吃了一惊："肩头上的伤是怎么回事？"

阿依达看到乌格凌厉的眼神，害怕了，她怯怯地从腰间掏出一件武器来——飞石索①。这是用一块兽皮做成的一个兜，两头系上用动物筋腱做成的绳子，使用的时候把石头放在兜中，然后抡动绳子，让石头迅速飞出去。

原来，在埃塔的哺乳期结束以后，乌格不得不操心阿依达的营养问题，仅仅食用野生的果蔬显然不能完全提供必要的营养。乌格是没有力量去捕杀大型动物

的，只能做了飞石索，反复练习后，终于可以猎杀一些小型的野鸟和野兔。这些小动物的肉质鲜美，蛋白质丰富，保障了她和阿依达的营养需求。6岁以后，阿依达对飞石索有了浓厚的兴趣，乌格自然悉心传授，让阿依达多学会一项本领，就等于是多了一种生存技能。

然而，乌格没有想到的是，阿依达特别快就掌握了使用飞石索的技巧，并且经常能给她带来一些惊喜。而且阿依达还非常渴望有朝一日能用飞石索去猎取更大的动物，比如猞猁和狼。但是乌格多次严厉警告她，不许再有这些异想天开的念头，女人的力量有限，飞石索的杀伤力也有限，绝对不要招惹那些危险的野兽。

可是她能约束得了阿依达吗？

今天早上，阿依达瞒着乌格，带着飞石索去了西南方那片灌木林，却没有找到她想要的那只银狐，这让她很是失落。回来的路上，她觉察到草丛里有异样的声音，空气中充斥着危险的味道。阿依达迅速摸出了一块最尖利的石头，放在皮兜里。她把飞石索紧紧提在手中，机警地观察着周围。在乌格的教导下[2]，她已经能分辨出动物的粪便和足印，甚至能从一片折弯的草叶或者一根断掉的树枝上分析出蛛丝马迹。这次，她预感到附近有一只体型不小的食肉动物，这让她既恐慌又兴奋，紧张得两个手心里全是汗水。

果然，阿依达很快就发现了，左前方的一块岩石上正蹲着一匹灰狼，后下肢弯曲，这是要跳跃扑击的姿势。阿依达努力让自己镇静下来，然后以迅雷不及掩耳之势抛出了石子。近距离抛出的石子击中了灰狼的耳朵，血流了出来。灰狼被激怒了，立刻从石头上猛扑过来。阿依达身手敏捷，急忙往左边跳跃，但还是被灰狼的爪子扫中了，肩头上一阵疼痛。说时迟，那时快，还没等灰狼转过身，阿依达又装上了石子，这一次打在了灰狼的脑门上，疼得它嗥叫了一声。阿依达再摸石子时，却没有了，一定是刚才跳跃时，腰间带的那些石子全掉了。正当她慌乱得不知所措的时候，那头受伤的灰狼却停止了进攻，摇晃了几下脑袋，不声不

响地掉头跑了。

阿依达看着灰狼臃肿的肚子，这才松了口气，怪不得它没有继续攻击，原来肚里有小狼崽了。危险过后，她这才感觉到肩头的疼痛加剧，赶紧就地扯了几把野麻草，嚼碎了糊在伤口上，把鲜血止住了。

阿依达说完过程，乌格却听得心惊肉跳，她忍不住抬起手来。可她从来没打过阿依达，她的手掌在空中变了姿势，一把夺过阿依达的飞石索，要把这东西扔掉或者烧掉，让女孩死了打猎的心。

阿依达痛苦地央求起来："乌格，不要——不要拿走我的飞石索，我要练得更准一些。如果我打得更准，打中灰狼眼睛，一定可以打死它。"

"住口！"乌格愤怒了，"找个山洞，生火，烧掉它！"

① 飞石索是人类使用的最古老的远射器具，用飞石索投掷的石球在新石器时代遗址中被大量发现。使用时，绳的两端握在手里，利用旋转的力量将石球甩出去，射程可达五六十米，远的可达百米。用这种飞石索，既可以投掷出一个大石球，也可以同时掷出几个小石球。飞石索不仅可以击断大型野兽的腿足，还能用来打击天空中的飞鸟，可谓是狩猎最有力的投掷武器之一。与旧石器时代晚期出现的石制箭头的狩猎工具相比，飞石索的出现更具有划时代的意义。

英国生物学家达尔文曾详细记载过印第安人如何制作和使用飞石索。他们利用这种工具猎取鸵鸟、驼鹿以及野牛，甚至可用飞石索击获凶猛的美洲狮，击落低飞的秃鹫或老鹰呢！

在中国，旧石器中期和晚期时，飞石索就已经被用于捕猎野马、野牛、犀牛、大象等大型哺乳动物。中国传统武术中的软器械"流星锤"，其起源也可以追溯到远古时代的飞石索。

② 石器时代的儿童也得学习，他们要学习如何辨认动物踪迹、区分动物的声音。他们想要知道什么，就要向部落里的年长者请教。待他们稍稍长大，有经验的猎手还会教他们如何使用狩猎的武器和工具。除此之外，部落的长者还会向他们展示如

何在陌生的环境中辨认方向，哪些果子是可以食用的，哪些草药可以缓解疼痛，等等。他们没有太多玩耍的时间，因为他们10岁左右就得像大人一样什么活儿都要干。

第三节

由于猛犸怕火，所以乌格每次生火的时候都非常小心，尽量远离象群。她带着阿依达找了半天，找到了一个小小的洞口，看样子可以容下她俩。她们试探着往洞里扔了几块石头，见没什么动静，就钻了进去，竟然看到地上有一些散落的骨头，有驯鹿的，也有野牛的。角落里还有不少松果的壳，看来这里曾经很热闹，食肉动物来过，松鼠也来过。

阿依达卸下腰间的皮袋——由好几种小动物的皮缝制而成——这是她的"百宝囊"，到外面折下几根树叶繁茂的枝条，把它们捆扎在一起，用来把洞中的垃圾打扫干净。她又找了一些干柴，熟练地钻木取火。火生起来之后，乌格命令阿依达跪在一边，她举起拐杖——权当法杖，围着火堆转了几圈，嘴里不时发出些叽里哇啦的怪声。阿依达顺从地跪在那里，她虽然听不懂乌格的咒语，但也隐约感觉到了事情的不妙。

果然，停下来的乌格把拐杖放在阿依达的肩头："神灵让我制止你狩猎！"

"为什么？"阿依达反问，"不打猎，我们吃什么，穿什么呢？"

乌格被激怒了，这么多年，她在施法的时候，从来没有人会反问她为什么，也从来没有人会质疑神灵的旨意！阿依达可真是让自己宠坏了，这么没规矩的一个野孩子。她伸出拐杖，照着女孩的后背猛抽了一记——"啪！"女孩痛得叫了一声。乌格有些心疼，这是她第一次打阿依达。看到女孩委屈的眼泪奔涌而出，她的内疚与愤怒无处宣泄，索性把飞石索扔进了火中。

阿依达的心猛地一沉，她几乎想扑到火堆里去抢那条飞石索，"不！乌格！不要！"可是已经晚了，飞石索冒起了一阵青烟，又蹿出了一股皮子烧焦的味道。

阿依达伤心到了极点，她像一只受伤的小鸟，伏在地上，肩头一耸一耸，抽泣不已。

乌格的心颤了，可她不断告诉自己，这时候一定要心硬如石！否则再这么纵容下去，阿依达没准儿就敢拿着小小的飞石索去面对剑齿虎。乌格不知道，八年过去了，苍鹰部落的族人们是否还坚守在那个山洞。她盼望着与族人会合，又有点儿害怕与雷吉特重逢，一旦让他发现，她把他的女儿教育成了这样一个桀骜不驯的野孩子，那会有多么难堪！

想到这儿，乌格决定不再理睬阿依达的眼泪，她掏出了一个皮袋——那是用一张狐狸皮缝制的。她把袋子里面的东西倒出来，挑出了两种消炎和止痛的药末。接着，她又掏出用一头驯鹿的胃做成的水袋——这些都是八年前逃出猛犸河谷时带出来的。她命令阿依达直起身，把敷在女孩肩头伤口上的野麻草擦掉，清洗了伤口，敷上了药末。又从皮袋里翻出几块柔软的鹿皮，挑了一块合适的，绑扎在阿依达的肩头。她突然发现袋子里有一串兽牙项链，若有所思之后，捡起来挂在了阿依达的脖子上。

阿依达长着一头棕色的长发，一双淡蓝色的眼睛，眉宇间与她的母亲很像。乌格想了想，她必须得继续教训阿依达："收起你的眼泪，不要再想打猎的事。女人的力量不足，打猎时会有很多危险。等回到山洞，会有人教你做饭、缝补衣服！"

阿依达没敢高声反抗，只是小声咕哝着："如果有投枪，我也能刺穿动物。"

乌格这次没有骂她，她的腿又在隐隐作痛。山洞外面传来了哗哗的雨声，看来这个山洞找得真是及时，要不然都不知道到哪里去避雨。她在火堆旁边坐了下来，一边烤着火，一边看着女孩那张还带着泪痕的脸。阿依达眼中闪着倔强的光，

这让她看起来十分惹人怜爱。乌格心中的怒火早已融化到这双眼睛里，她有了想过去安慰女孩的冲动，但是作为尊贵而神秘的女巫，她必须得时时克制自己的情绪。此时，乌格陷入深深的回忆之中——自己畅快地搂抱着女孩，哄她入睡、带她玩耍……那时是多么的自由自在。如果一直生活在山洞中，女巫是不会这样做的。每次想到这些的时候，她都有一种异样的感动，她特别感激猛犸给了她八年的迁徙时光，让她能与阿依达在一起。

阿依达已经停止了哭泣。她到洞口外观察了一下，竟然冒着雨跑了出去。乌格没有来得及阻止，不禁摇了摇头：真是个难以管教的野孩子！

阿依达再次跑进来的时候，双手捧着一堆鹅卵石。她把石头丢进火里，又跑到洞外搬进来两块稍大的石头，垫在了山洞口。接着，她从皮袋里面掏出一个掘土棒^①来，在火堆旁边掘出了一个"烤坑"。她在坑里面铺上一块兽皮，倒满水，把几块樱桃树皮^②扔进去。她捡起两根树枝，手指灵活配合——像当年的苏达一样，不停地往水坑里填着烧红的石头。不一会儿，水烧开了，她拿出用桦树根抠成的碗，盛了一碗樱桃树皮药汤给乌格。接着，她又掏出一件黑色的皮囊来，把水灌了进去。

乌格的胃里有了热热的药汤，感觉舒服多了。这段时间，她发现用樱桃树皮来治疗风湿骨痛很有效果，所以阿依达每天晚上总要给她熬一些。她奇怪地看着阿依达手中的黑色皮囊，像是黑狐的皮，但是毛尖却在火光下闪着银色的光。是的，这是一具银狐的皮囊。前几天，阿依达在那片灌木丛中发现了银狐的窝，她用飞石索猎杀了一只，在它的喉部切开一个口子，把肉和内脏掏出来，再用动物油脂反复地鞣制着^③，做成这个完整的长条形皮囊。她把热水装进去，用一根捡来的野牛筋扎紧了注水口，皮囊鼓鼓的，就像银狐复活了似的。她看着自己的杰作，又拨了拨耷拉下去的银狐脑袋，展开了笑颜，完全忘了刚才的伤痛。

乌格还在奇怪地看着她，是要做一个水袋吗？却见阿依达拿着皮囊凑过来，把软绵绵、热乎乎的皮囊贴在了乌格的膝盖上："本来想做两个，可是总找不到

另一只银狐！"

乌格久患风湿的病腿上感觉到了一阵温暖，这股暖流一直流淌到她的心里。怪不得阿依达总是偷偷跑出去，原来是想打另一只银狐。那今天遇到危险，也是为了这个？乌格呆呆地看着阿依达，竟然有了伸手去摸阿依达脸蛋的冲动，但她还是努力克制着。阿依达看着乌格布满伤疤的脸，突然间扑了上去，手臂环过了她的脖颈，亲热地和她贴了一下脸。

乌格仍然用一种淡漠的声音说："松开手，吃点东西睡吧，明天还要赶路！"话说得冷，可是连她自己都听出了声音中那种不可抑制的柔情。

第二天早上，第一缕阳光照进了洞口。阿依达揉揉眼睛，她觉得身上放着一件东西，抓起来一看，兴奋得叫起来——飞石索！崭新的鹿皮兜，两根更加结实的绳子。

"这段时间在路上，你带着防身。但是，你得答应我，不要再去冒险狩猎！"乌格严厉冷峻的声音，从洞外传进来。

① 掘土棒是人类使用的最原始的木质工具，可用来采集食物、草根和挖掘陷阱。多以质地坚实的树枝制作，有将一端削成锥状的，也有制成叉状的，长短不一，根据不同地区和不同需要而定。产竹区还有竹质掘土尖状器。在人类掌握了农作物培植方法后，掘土棒还被当作主要农具。

② 新石器时代的人类如果生病了，他们懂得如何用植物的枝、叶、皮等来缓解痛苦，比如柳树皮、樱桃树皮、桦树叶等，都有一定的效果。如果他们受了外伤，还会将一些止痛的植物撒或敷在伤口，外面再用绷带包扎。

③ 新石器时代，人类已经懂得将动物皮革清洗、晾晒后，再用动物油脂仔细揉搓。如此反复数次，可使生硬的皮革变得柔软光滑。

第四节

树叶被风从树上卷到了空中，叶片飘飘转转，最后徐徐落下，就像无数只彩蝶在翩翩起舞。猛犸们表现出了难得的悠闲，因为这里的食物能让它们足以做短暂的停留。平原上，一片野麦子①已经成熟，犹如金色的海洋，麦子被沉甸甸的麦穗压弯了腰，每当有风儿吹过，麦田里起起伏伏，宛若金波荡漾。

在麦地里，阿依达欢呼雀跃，她采集了不少麦穗，还试图将更多的麦穗放在娜拉的背上，让娜拉帮着运回山洞。可麦粒的香味使得娜拉只顾不停地摆动着长鼻子，卷起麦穗送进嘴里咀嚼。阿依达指挥不了娜拉，好不容易扔到它背上的麦穗，也被摇晃下来，成了它的口中餐。阿依达看它如此贪吃，就想求助于对麦子无动于衷的老象博恩。也许是天气有点儿热，博恩的眼皮半睁半闭，阿依达叫了它几声，看它毫无反应，只好摇着头走开。

乌格趁机教导女孩：这种野麦子是上天赐予世间生灵的食物，它们自然生长，不畏风雨，而且周而复始。只可惜，猛犸河谷附近没有生长过野麦子，否则一定会成为族人一种新的食物。如果足够多，还可以贮存起来过冬。

"植物也能过冬吗？"在阿依达的意识里，人类只能以肉食为主，像野麦子、野葡萄、野蕨菜这样的东西，不过是一些可遇不可求的调剂品，它们更应该是食草动物的主要食物。

乌格没有回答，她不知道怎么和阿依达讲解这方面的知识，不光是眼前的这个女孩，恐怕部落里的人都会这样想。长久以来，人类以猎食为主要谋生手段，已经习惯了春夏捕猎，秋天贮存冬天的食物②。有谁会真正思考植物种植的重要性呢？除了迈阿腾。

乌格虽然是具有大智慧的女巫，但她对迈阿腾却怀着一种深深的敬意，不仅

因为他是部落里最勇敢的猎手、最公正的首领，更是因为在他身上总是闪现出一种超前的智慧。以往的部落首领，比较忌讳和萨满谈得太多，唯恐自己的浅薄见识被萨满看穿，从而影响自己的信心甚至威望。但迈阿腾却有着前所未有的自信，他和部落里的老老少少都保持着友好的交流，他经常和乌格探讨一些深奥的问题，有时候让博学的女巫都有点儿招架不住。

因为食物的匮乏，部落总是要不断地迁徙，居无定所③。尤其迁徙的时间多数是在秋冬更替之际，一路上不断有食肉动物的侵袭，而且老弱病残长途跋涉，发病时死亡率极高，每次迁徙都会有人不能和大家一起回来。因此，即便是在婚配率和出生率都很乐观的情况下，部落的总人口也难以高增长。为此，迈阿腾有着深深的忧虑，人类或许只有在某个地方定居下来，不再为食物发愁时，才会有更长的寿命、更多的人口吧？但是如果不像动物那样迁徙，族人会有足够的食物吃吗？在冬天无法狩猎的时候，族人将如何填饱肚子？迈阿腾的这些想法，不光难为了女巫，也时常让他自己陷入困惑中。

麦粒在烤坑中的沸水里打滚儿，香味已经飘出来，看来马上就能喝到一碗麦子粥了。乌格看着阿依达一边嗅着香味，一边试图往烤坑里放更多的麦粒，她突然伸出拐杖，阻拦了阿依达："停手，这几株麦穗不能要！"

阿依达的手上拿着几株模样古怪的小麦，麦粒上有紫黑色的斑点。"阿依达，"乌格示意她将黑麦子挑出来，"这种黑麦粒④不能食用。你闻闻看，像不像上次我们晒的鱼干？"

阿依达的鼻尖凑近麦穗，她皱了皱眉："是的，很腥。乌格，它可以治病吗？"

乌格欣慰地笑了，阿依达必将成为最出色的巫医，因为她每时每刻都在琢磨植物的药效。"妇女生孩子之后可以用，有止血功能。不过，服用时一定要注意，如果用得太多，就会让人昏睡不醒。"

阿依达默默记在心里。她把"百宝囊"拿过来，翻出一小片皮子，把那几株

麦穗包在里面，又从灰烬中找出一根焦木，在皮子上做了标记。她高兴自己又多了一件"宝贝"。

"昂呜——""昂呜——"此起彼伏的猛犸叫声打断了阿依达和乌格的好情绪，她们面面相觑：猛犸很少这样集体鸣叫，而且声音这么悲壮，难道……出了什么事情吗？

阿依达掏出飞石索，箭一般地冲出了山洞。

① 野生小麦有春小麦和冬小麦之分。春小麦多生长于纬度高的地方，秋季成熟。冬小麦则在每年盛夏成熟。

② 为了度过漫长的冬季，新石器时代的人类会考虑储存食物。如把肉烤熟，或者晾晒后用海盐搅拌，或者将生肉冻在土壤的冰冻层里保鲜。

③ 人类学家研究发现：现代人类起源于非洲，人类的迁徙活动，很多是因为生存环境的恶劣以及食物的短缺。近200万年来，地球经历了十几个冰川期，迫使现代人走出非洲，沿着海岸线迁徙到世界各地。而掌握了用火技巧的人类很容易对当地的森林造成破坏，使得动物迅速转移，而一旦没有了食物，人类必然会继续迁徙。

④ 黑麦粒就是麦角，是感染了病菌的植物，产后妇女服用有一定的止血效果，但如果用量过多，就会导致呕吐、腹泻甚至昏迷。

第五节

博恩倒在了麦田地头。

这头雄性猛犸在地球上行走了70年，它的足迹遍布落基山脉和内华达山脉。它的勇敢曾经是猛犸的骄傲，那对巨大的象牙震慑过凶猛的美洲狮，保护过数不清的幼年猛犸。它能轻易拔掉扎根于大地上的任何树木……但如今，它只是一具

尸体，一具闭上眼睛、停止心跳的躯壳。

埃塔和其他猛犸围聚在博恩身边，相继发出了低沉的哀鸣，似乎是在为它送行，也像是在试图召唤它继续前行。送别死亡的老象已经成了猛犸的一种习俗①，但是随着群体的日渐凋零，很多成年猛犸因此表现出一种担忧。有些猛犸对埃塔领导的路线产生了质疑，这些疑虑通过平时听从指挥的主动程度就看得出来。和埃塔身高体重差不多的母象苏辛的不满情绪日益加重，很多时候都要在埃塔反复发出信号后，它才会不太情愿地服从命令。

阿依达伏在博恩的尸体旁边，摩挲着它那逐渐僵硬的肢体。她的眼中蓄满了泪水，她后悔刚才没有认真查看博恩的状态。但她也清楚，即便她意识到博恩病危，以她的医学知识，也无法挽救一头生理机能老化的猛犸。她伤心地流着眼泪，责怪自己的疏忽。

乌格不忍心看到阿依达这样，她反复劝说着：博恩已经被猛犸的神召唤到天上去了，它在这个星球上的使命已经结束，所以它才能死得这么安详。

猛犸们的悲鸣渐渐停息，埃塔缓缓转身，它决定带领象群提前离开这个地方。娜拉跟随着队伍前进的时候，还有意识地低鸣了一声，似乎在招呼阿依达快快跟上。

猛犸尸体的气味引来了大批苍蝇，远处的天空上，已经有兀鹫在飞，相信用不了多久，鬣狗和狼都会赶过来。

乌格轻轻推了推女孩："我们走吧，阿依达，这里已经很危险，我们不能在这儿停留得太久！"

"不，乌格！"阿依达抬起泪眼，"我们能不能保护一下博恩的身体，不让它被其他动物吃掉？"

乌格慈悲地看着善良的女孩，告诉她：人类可以挖地穴将尸体掩埋，可是动物生于自然，亡于自然，成为其他动物的食物，也是生命的完美终结。

可是阿依达仍然坚持着："人和猛犸都一样，我就是喝猛犸乳汁长大的。我和它们，它们和我，都一样，我要埋葬它！我要在它的墓穴里放满鲜花。就像你跟我讲过的，你就是这样埋葬了苏达。"

"是的，如果我没记错，就在前方不远的山麓间，苏达就长眠在那里。"乌格的眼中闪过一丝忧伤，随即她醒悟过来，声音也变得严厉起来："阿依达，你不要胡思乱想。埋葬一头巨大的猛犸不是你能做到的，即便加上我，我们也做不到。如果你不想成为食肉动物和猛禽的美餐，现在就跟我走，我们得追上猛犸象群！"

阿依达看到乌格发怒了，她也知道乌格说的全是真理，只得恋恋不舍地离开了博恩。她边走边回头，直到巨大的猛犸尸体在她的视野里消失。"哪怕是用一些石块或者树枝，给它遮盖一下也行啊！"她嘟哝着。

这次乌格没有责备她，只是善意地劝慰道："可怜的孩子，对于饥饿的鬣狗和狼来说，就算你的石块堆得再高，也挡不住它们的利爪和尖牙！"

不再边走边吃的猛犸象群的行走速度快了很多，乌格和阿依达追赶得有些吃力。天色将晚时，猛犸们终于在一条河边停了下来。只有几头小象在咀嚼着河边的草叶，而成年猛犸都静默地肃立着，似乎还沉浸在失去同伴的悲伤中。乌格和阿依达终于看到了猛犸象群，乌格松了口气，照以往的经验，猛犸该休息了，所以她们也可以歇歇脚了。

阿依达精力还很充沛，她在距离猛犸稍微远一点儿的地方，找了块背风的岩石，生起了一堆火。疲惫不堪的乌格吃了点肉干，喝了点水袋里的水，又强打精神安慰了阿依达几句，就靠着岩石睡着了。她当然不会知道，在这个小女孩的心中，仍然有一个念头：难道不能让博恩的尸身免遭分食吗？

在火光的映射下，阿依达淡蓝色的眼睛里闪烁着光芒。

★★★

① 猛犸虽然体型笨重，但它们却是极富智慧的哺乳动物。它们情感丰富，喜好交际，关心同类，并且具有爱憎分明的个性。

现代大象是猛犸的近亲，它们也延续了这些情感。1978 年 12 月，一位动物学家在调查非洲象的分布时，声称无意中看到了一场"大象的葬礼"。他看到几十头大象围着一头死去的老象，发出一阵哀号。为首的雄象用鼻子卷起土块投到死象身上，其他大象纷纷效仿。过了没多久，死象就被完全掩埋了，地面上堆起了一个土墩。象群一边继续加土，一边用脚去踩那土墩，将它踩成了一座坚固的"坟墓"。最后，只听雄象发出洪亮的叫声，象群开始绕着"坟墓"慢慢地转圈。一直到太阳下山，象群才耷拉着头，甩着鼻子，扇着耳朵，万分不舍地离开，向密林深处走去。

这场罕见的"大象葬礼"引来了许多议论。有的动物学家从生物进化的角度解释大象这种神秘的"殡葬"行为，认为群居的大象可能会表现出对死去同伴的某种怜惜。但是，一些科学家仍然认为，目前要想断定大象是否有真正的"殡葬"行为，还缺少足够的证据。

第三章 重返河谷

第一节

当几滴清凉的雨点打在身上的时候，乌格醒了。她睁开眼睛，习惯性地揉揉隐隐作痛的双腿，随即就看到象群已经开始移动。她站起来叫了几声阿依达，但没有回应。她跑到哪里去了呢？乌格困惑了，再看女孩随身带的"百宝囊"也不见了，难道她跑到了猛犸的前头，还是在路边的哪个土堆里躲藏？乌格奋力向象群赶去，边走边喊女孩的名字。她哪里知道，阿依达现在正处在危险当中。

对于这片平原上的食肉动物来说，博恩的死亡成了它们盛大的节日。恐狼、鬣狗、猞猁、狐狸争相竞食，天上的兀鹫与苍鹰盘旋而至。这些平日里为了争夺腐肉会相互斗个你死我活的动物们，此时仿佛有了一种难得的默契，彼此相安无事，尽情地享受着肉山带来的盛宴。

阿依达远远地看着这血腥恐怖的场面，心如刀割般疼痛。但她也清楚，单凭她手中的飞石索，丝毫没有办法改变眼前的现实。或者真像乌格说的，博恩完成了使命，成为其他动物的食物，这是一种自然的轮回。她默然半晌，收起了眼泪，她必须得追上猛犸和乌格。然而，她一回身，就被吓出了一身冷汗。

眼前一左一右，正有两匹灰狼①向她悄悄靠近，已经形成了夹击之势。阿依达抓紧了飞石索，可她不敢出手，因为即便能准确无误地打中其中一匹的眼睛，

但依然无法逃脱另一匹的反扑和撕咬。她惊恐万分，只能一步步向后退去。两匹狼显然是感觉到了阿依达的退缩，它们的目光变得更加凶恶。灰狼和恐狼不同，恐狼对于食腐没有什么恶感，但对于灰狼来说，新鲜的嫩肉才是首选。

两匹灰狼越来越近了，阿依达甚至能清楚地看到：左边那匹狼的耳朵上有缺口——这正是她前几天的"杰作"。狼的肚皮已经恢复了正常，双眼闪现出贪婪的凶光，尖利的牙齿龇了出来，甚至还有细微的口水在往外溢，显然这匹处在哺乳期的雌狼急需营养。阿依达的心里一凉，这是来报仇的吗？她抓紧了飞石索，决定奋力一击，然后听天由命。可是她没有注意到脚下的树根，后退时一下子跌坐在了地上。灰狼是不会放过这个大好机会的，右边的雄狼身手敏捷，像利箭一样蹿了上来。就在这万分危急的时刻，"嗖"的一声，雄狼惨烈地叫了一声，原来是一支真正的利箭射穿了它的身体。

一个猎手欢呼着跑了过来，手里拿着弓箭，背上背着投枪。

看到雄狼的惨状，雌狼发出了一声哀嚎，转身就逃。阿依达被扶了起来。这是一位年轻的猎手，身材魁梧。他略有些吃惊地打量了一下眼前的女孩：棕色的长发，美丽的蓝眼睛，手握飞石索，腰间围着一个用好几种动物皮子缝制的皮袋。

阿依达死里逃生，她充满感激地向猎手道谢。猎手更惊讶了，女孩的语言竟然和他们完全一样。这时，阿依达看到雌狼奔跑的速度并不快——应该是它刚刚生过狼崽的原因。前几天被抓伤，今天围攻，使她的心中燃起了熊熊怒火，抓起飞石索就追了上去。可能是身体禀赋的优越，她的奔跑速度惊人，以至于让那位年轻的猎手瞠目结舌，好胜心和好奇心使他决定放弃眼前的战利品，要和女孩一较高下。

女孩甩开两条腿，长发飘飘；年轻的猎手也迈开长腿，大步流星。两个跑得像风一样快的人，把雌狼追得上天无路，入地无门。

灰狼遇到了人类的强劲挑战。产后虚弱让它失去了身体优势，渐渐地，它四

肢乏力，但求生的本能驱使着它仍然拼了命似的往前跑去。

阿依达不知疲倦地追逐着，到后来，她感觉到了：身后的猎手被甩远了，她的心情愉悦起来。在穿过一片山毛榉林之后，雌狼不见了。阿依达放缓了脚步，握紧了手中的武器，小心翼翼地向前方搜索着。四周安静极了——除了她轻轻地踏在树叶上发出的声音——这种静谧给她提供了听声辨音的有利条件。她细心观察着草地上的痕迹，同时支起耳朵，聆听着周围的细微声响。终于，她听到了，就在前面！在那个避风的土包后面！

阿依达蹑手蹑脚地走过去，土包后面是一个不大的洞穴，虚弱的雌狼正瘫倒在洞口，口中吐出了白沫，连呼吸都变得困难。这匹灰狼已经油尽灯枯，它在与人类的竞速中几乎累死，却仍然坚持跑回洞穴，去给幼崽喂最后一次乳汁。在它的身下，一只毛茸茸的幼崽正在那儿乱拱，终于找到了母亲的乳头，大口大口地吸起来。

看着眼前的一幕，阿依达手中紧握的武器松了下来。女孩的心中充满了自责，她觉得自己过于残忍，她早忘了刚才自己几乎成了这匹灰狼的口中美餐。如果有可能……她摸了摸腰间的"百宝囊"，甚至萌发了救治灰狼的念头。

一阵急促的脚步声传来，随着猎手的欢呼声，一支投枪呼啸而至。阿依达手中的飞石索下意识地扬了起来——由于用力过猛，连绳套带石头一起飞了过去，正砸在飞行的投枪尾部。投枪在空中改变了方向，"砰"的一声，扎在了灰狼耳边的土地上，与灰狼的脑袋仅差一个拳头的距离。

"干什么！你！"猎手怒不可遏，他握紧了拳头，几乎就要冲上来动手。女人居然能打到猎手掷出去的投枪，这对一个猎手可是最大的侮辱！阿依达却没有理会他，她冲了过去，把飞石索从投枪的尾部取下来。再看眼前的灰狼，虽然睁着眼睛，却已经没有了气息，刚才那呼啸而来的投枪虽然没有刺中它，却已经摧毁了它最后的意志力。那只可怜的小狼崽却还不知道已经失去了母亲，还在一个

劲儿地往母亲的肚皮下钻，因为那里是最温暖的地方。

阿依达呆呆地站着，两颗豆大的泪珠顺着脸庞滑下来。看到她哭了，猎手终于抑制住了狂怒的情绪。他走过来拔起投枪，悻悻地自我解嘲道："如果不是你，我一定能刺穿它的脑袋！不过，现在也好，我能有一张完整的狼皮了。"说完，他看到了那只毛茸茸的小家伙，不禁欢呼了起来："太好了！阿姆能吃到世上最鲜嫩的肉了！"

他俯身要去抓小狼崽，阿依达却抢先一步，把小狼崽抱在了怀中。猎手再次震怒了："你干什么？这可是我的战利品！我告诉你，再这样我就打扁了你！"

阿依达倔强地看着他，丝毫不为他的强势所惧。猎手还没有见过这样的女人，自从他10岁成为真正的猎手以后，部落里的女人——包括他的母亲都对他恭敬有加。这个女孩真是……他这样想着，却无可奈何。眼前的女孩充满了神秘感，也让他充满了挫败感。要知道，他可是部落里公认的最有前途的年轻勇士，而今天，先是没有跑过这个野性十足的女孩，后来又被她的飞石索打歪了投枪。他胸中积聚着怒火，却也有着深深的好奇，当然，还有妒意和敬意，所以他一次又一次地破例——宽容这个奇特的家伙。"喂，我叫蒙可，你叫什么？"

阿依达点了点头，却没有正面回答他，只是把小狼崽抱得更紧了："狼你拿走，这只狼崽是我的。"

蒙可耸耸肩："我宁愿反过来，你要那只狼。唔，那可是不错的狼皮，一点儿没损伤。我得要这只狼崽——是这样的，我们几天前过来采野麦子，可是老天不停地下雨，雨水打湿了我们的麦子，上涨的河水又冲跑了我们留在河边的筏子。我的同伴们正在做木筏子，我出来打猎，这才救了你。你应该把小狼崽留下——阿姆要生了。"

"不，不！"阿依达连连摇头。她放下狼崽，解下腰间的"百宝囊"，"这是荆芥的嫩芽，你很幸运，这是我前两天摘到的，还很新鲜，可以泡水给阿姆喝，

能让她在最痛苦的时候镇静下来。"

阿依达又把黑色麦角拿了出来："别看它气味不好，但可以止血，不过一次只能用这么一点儿，要是都用上了，那可就危险了……"

蒙可听得目瞪口呆，他的自卑感更加强烈了——这种自卑是代表着部落，因为整个部落里的人加起来，似乎也没有眼前的这个女孩知道的多。

女孩把几样草药递到蒙可手里，收拾好"百宝囊"，又抱起了狼崽，转身就走。

"喂！"蒙可回过神来，"你能不能跟我回山洞？你将成为我的客人！你还没告诉我你叫什么？"

"我要去找埃塔，去找乌格——"女孩已经跑远了，声音像轻烟一样断断续续，"我叫阿——依——达——"

"阿依达。"看着女孩的身影消失在榉树林中，蒙可怅然若失。他低头捡拾狼尸的时候，从地上捡起一串项链，上面串着一颗尖牙——恐狼的牙齿。

★ ★ ★

① 在 30 万年前，灰狼经白令陆桥抵达北美洲。它们善于快速地长距离奔跑，多喜群居，常追逐猎食，喜食鲜肉，以食草动物及啮齿动物等为食。相对于恐狼来说，灰狼进化得较快，对环境的适应性相当强，无论酷暑严寒都能忍受。它们栖息于森林、沙漠、山地、寒带草原、针叶林、草地，除南极洲和大部分海岛外，广泛分布于世界各地。

第二节

雷吉特把肩上的石头卸下来，擦了一把头上的汗珠，看着周围大大小小的石块，他有些不满意。提可多正在火堆上炙烤着一枚燧石①枪尖，最近他迷恋上了

这种新式武器，把炙烤过的燧石枪尖安在枪杆上，可以穿透任何厚重的兽皮。只是这种枪尖的耐久程度不够，所以要时常更换。这段时间，提可多对赫达林非常客气，因为赫达林打造的燧石枪尖总是最锋利的。

雷吉特叫了他几声，提可多装作没听见。雷吉特对他一向宽厚，所以走了过来，站在他的眼皮底下，告诉他：今天要从山上往这里搬运石头，几个年纪大的男人已经累了，提可多应该带人去换他们下来。

提可多不置可否地应了一声，心中充满了不情愿。他扔下手头的事情，正好看见独臂的巴汗从山洞里出来，手里抓着一把骨制的鱼钩，后面紧跟着几个孩子。巴汗本来一脸笑容，碰到提可多的目光时，立刻收敛了，毕恭毕敬地低下头，从提可多眼前走过。

提可多"哼"了一声，对于这位侥幸在恐狼的夜袭中逃生的残疾老头儿，他已经厌烦了。但他更厌烦雷吉特，这位首领越来越糊涂了，他指挥一些本来应该在狩猎场上战斗的猎手们去收集野生植物，又让一些孩子跟着巴汗去学钓鱼。这些举动让以狩猎见长的提可多十分不满，这些孩子应该向自己学狩猎本领，就像蒙可一样，成为好猎手。

他带着怒气走到山上，用掘土棒挖着地面。刚刚松动了一块石头，由于用力过猛，掘土棒竟然"啪"地断成了两截。提可多骂了一句，把掘土棒远远地掷向山下。

跟着他上山的两个年轻猎手——寒达篷和辛布力互视了一眼，他们的本事可都是提可多调教出来的，所以从小到大，提可多一直是他们心目中的英雄。

"提可多，"寒达篷小心翼翼地说，"首领怎么了，他难道不知道，食物越来越少了？"

"就是，"辛布力看了看四周，"这些搬石头的活儿，就应该让那些老家伙和妇女们干，我们应该去打猎，让大家都有肉吃。那些植物，能吃饱吗？"

提可多余怒未消："都是迈阿腾教的。人就是吃肉的，这是神的指示，他们

难道要改变神的旨意吗？不管他，我必须得打猎，我可不愿意吃鱼。你们谁发现了猎物，告诉我，我可不管雷吉特怎么想，总不能让大家饿死！"

辛布力犹豫一下，还是说了："发现了，只是怕你不敢打。"

"什么！"提可多震怒了，"有我提可多害怕的动物吗？你不知道我猎杀过短面熊？那可是连剑齿虎都畏惧的巨兽！"

一看提可多发火了，辛布力不敢说了。但寒达篷接着说："我们早上在山头翻石头，看到了一群长毛猛犸象，短面熊跟它们相比，就像只猴子！"

提可多一下子瞪圆了双眼："长毛象！它们回来了？我一直想猎杀长毛象！现在我有了燧石枪头，你们知道它的尖利，完全能刺穿长毛象那厚重的外皮。我更不能放了这群肉山——只要我们猎到一头，足够我们吃几个月了！到那时候，族人都得感谢我们！你们两个，听不听我的指挥？"

寒达篷和辛布力用力地点着头。

① 燧石是比较常见的硅质岩石，质密，坚硬，多为灰、黑色，敲碎后具有贝壳状断口。根据其存在状态，分为两种类型：层状燧石和结核状燧石。由于非常坚硬，燧石破碎后容易产生锋利的断口，所以很早就为石器时代的原始人所青睐，在已经挖掘出土的石器中，绝大部分都是用燧石打击制造的。

此外，燧石相互击打时会产生火花，所以被人类用作取火工具。中国古代常用一小块燧石和一把钢制的"火镰"击打取火，所以燧石也叫"火石"。

第三节

苍鹰部落居住的洞口两边砌起了石头，中间挂了一张撑开的兽皮，就像一道

皮制的门。八年前部落被恐狼袭击，多名族人丧命，雷吉特痛心疾首。有人曾经建议他另换居住地点，可是找到合适的山洞并不是一件容易的事，何况再找到一个又能怎么样？一样会遭到恐狼或者其他食肉动物的袭击呀！所以雷吉特还是决定留在原地。他和族人用石头加固了山洞，到了晚上再把缺口堵上，这样显然没有以前出入方便了，但是安全性却大大提高了。

那一年的冬天，由于伤者太多，雷吉特决定不再迁徙。就这样，凭借着准备充足的木柴，再加上贮藏在地下冰冻层的肉类，他们安全地度过了那个冬天。

雷吉特在事后想了很久，他想的仍然是迈阿腾曾经思考的问题。在自然界中，环境、气候的变化会造成食物的短缺，所以食草动物必须不断迁徙，不断地去寻找温暖的地带、丰盛的草场。食肉动物则会尾随着它们，因为食草动物是它们赖以生存的食物来源。而为了生存，人类也得紧跟着其他动物，从而获得食物保障①。但每次旅程都充满了危险，对于一些老人和婴儿来说，迁徙之路往往是条不归路。

那一年冬天，苍鹰部落没有人死亡。第二年春暖花开时，山顶上的冰原大面积融化，山头上无数溪流流淌下来，汇入山下那条大河，使得河面日渐宽阔。妇女们有了抱怨，因为水中的泥沙太多，她们取回来的水，要沉淀后才能食用；猎手们也不高兴，因为他们不喜欢在泥泞的土地上狩猎；只有巴汗最开心，因为他有更多钓鱼的机会了。

第二年走出山洞时，雷吉特望着山脚下的洪流，决定以后不再迁徙。动物解决不了的环境适应问题，人类却能运用智慧来解决。物竞天择，适者生存。既然大自然恩赐给了人类高于其他动物的智慧，那么人类就应该充分利用，主动地改变生存环境。因此这七八年来，苍鹰部落始终坚守在猛犸河谷，他们第一次过上了相对稳定的生活。得到了休养生息，族人的寿命得以延长，女人们的生育能力得以提高。八年来部落里不断添丁进口，只有一位女人——猎手辛布力的妻子——在产下一个男孩后去世。

每当想到这些，雷吉特就为自己的决定感到庆幸。但摆在眼前的最大困难仍然是食物问题。河对岸还有丰富的草场，虽然那里也被水淹没了不少地方，但是因为胃口奇大的猛犸象群的离开，这些草木得以休养繁盛，因此，时不时地有野牛、驯鹿等迁徙到此处，它们也成为苍鹰部落猎手们追逐的目标。只是现在打猎没有以往方便，下山得划着木筏子过河，有了收获再划着木筏子回来。打猎的难度增加了，猎物相对减少了，可是人口却增加了，这个难题像块大石头，压在了雷吉特的心头。

雷吉特永远不会忘记迈阿腾说的：有一些植物可以代替肉类，还有一种"水晶草"，可以反复生长，而且产量极高，足以解决部落的温饱问题。雷吉特不懂什么是"水晶草"，但是野生植物可以利用，这点他是知道的。为此，这几年他关注着每一次野外的小麦和豆类的丰收。每年野小麦或豆子成熟时，他总是带人去抢收一些回来。可是这些农作物，再加上猎手们的收获，还是不能填饱大家的肚皮，雷吉特便发动孩子们去向巴汗学钓鱼。听巴汗说，他曾经钓过一条比野山羊还大的鱼，如果真有这样的鱼类，食物就更有保证了。只可惜，河水因上涨变得浑浊，这些鱼群始终没有出现，以至于提可多一直骂巴汗在吹牛。

四年前阿姆又生下一个健康的女儿成玛，现在要第三次当妈妈了。部落里的人们都紧张地企盼着，因为以前还没有哪个女人能连续三次都产下健康的婴儿。还有一部分人认为，以阿姆的年纪再生孩子是不可思议的，所以这次的生产必将凶多吉少。但是，赫达林和蒙可都坚信：阿姆的身体比较强壮，一定可以创造奇迹。雷吉特也盼望着阿姆的孩子顺利诞生，他更期望是一个男孩，可以长得和蒙可一样高大，将来成为一个优秀的猎手。作为首领，他自然希望自己部落的人越来越高大，越来越强壮。但是如果是个女孩呢？雷吉特觉得也可以接受，毕竟部落里现在男孩的比例偏高，寒达篷和蒙可这样年纪的猎手，早就应该有配偶了。

雷吉特在山洞中找到了阿姆，她的身边已经有几个妇女在照顾，看样子就要

生了。一般在这个时候首领是不会出现的，但雷吉特必须告诉阿姆，这两天没下雨，山下的洪水已经消退了，不要担心蒙可的安全。他已经安排人手，准备好了木筏子，马上就要去河对岸接应蒙可他们了。

说完这些话，雷吉特转身离开，他还得去查看石头的搬运工作。由于人口的增加，山洞里的空间显得狭小起来。雷吉特决定在山洞外搭建一些石头房子，既可以防止野兽袭击，又可以缓解山洞里的空间紧张。只是，挖石头是一件相当艰苦的工作，工具损坏得很厉害，所以赫达林这阵子忙得焦头烂额。

在洞口附近，雷吉特听到有女人在哭，他问了一句："是谁在哭？"

一个妇女从角落里走了过来，她只剩下了一只耳朵，左脸上还带着一片乌青。"萨拉，"雷吉特皱着眉头，"你又惹提可多了吗？"

萨拉的耳朵被恐狼咬掉以后，提可多对她的态度越来越恶劣。他一向以第一勇士自居，所以他最希望自己能有一个健康勇敢的儿子②，可是第二年，萨拉却偏偏为他生下了一个瘦弱的女儿，这让提可多十分不满。

萨拉止住哭声，不敢抬头直视首领，只是默默地摇了摇头。雷吉特十分为难，提可多总是部落里收获最多的勇士，而且，很多年轻的猎手都是他训练出来的，他对部落的贡献非常大，越来越受族人的重视。虽然对他的一些出格行为，雷吉特也斥责过，但是若要因此对他做出严厉的惩罚，也是件让人为难的事。

犹豫了一下，雷吉特只能让萨拉小心些，尽量不要触犯提可多。萨拉又抽泣起来，这一次挨打，只因为她提醒提可多：不要忘了誓言，不要去猎杀猛犸……

什么！雷吉特吃了一惊：猛犸回来了？提可多又要杀猛犸吗？

① 人类是生态系统中的一环，是一种高级哺乳动物。在石器时代，由于生产力低下，生存条件恶劣，缺少食物，所以人类只能紧跟着其他动物迁徙，从它们那里获得食

物。但这往往是充满凶险的旅程，恶劣的气候、未知的疾病、凶猛的野兽，随时威胁着人类的健康和生命。

② 石器时代，女性担任采集食物、烧烤食品、缝制衣服、生儿育女、养育老幼等繁重任务，对维系部落的生存和繁衍都起着极为重要的作用，女性的地位普遍受到重视。但男人的狩猎仍然是主要的生存手段，再加上男人在防御野兽等方面能起到重要作用，所以族人对新出生的男孩比较重视，尤其是健康的男孩。只有优秀的猎手多了，部落才有更多的希望。

第四节

埃塔站在河边，显然是对眼前这条河流的走向感到困惑了。在它的记忆里，从这里涉水过去，就是它们曾经生活的地方。但现在河面变得宽阔了许多，而且又多出了一条支流，从高山上流下来横亘在眼前。到底该从哪里涉水？埃塔在努力盘算着，其他成年猛犸也都在河边观望。苏辛对埃塔的领导能力再一次表示质疑，它的鼻子不停地甩动着，从鼻腔里发出了几声表示不满的低吼。

乌格却没有过多关注猛犸的表现。她仔细观察了地形，已经分辨出：前方的山麓间，就是苍鹰部落的山洞所在。这条支流从山上流淌而下，挡住了去路，却没有妨碍她的思维与判断力。即将踏上故土，乌格并没有太多的激动，因为她所有的注意力都在阿依达怀中的小动物身上。

"阿依达！"乌格的声音柔和下来，因为这一路上的呵斥和抽打，显然对女孩没有产生任何效果。"只要你把这只狼崽放下，我就宽恕你的鲁莽行为。"

"阿依达，部落里的人是不会允许你这么做的，怎么能把食肉动物带进山洞呢？"

"阿依达，没有奶水你是养不活它的[①]，你……"

　　女巫磨破了嘴皮子，可一向对女巫尊敬且畏惧的阿依达这回是铁了心，哪怕是拐杖抽在她身上，她也不会流泪。听着乌格的不断唠叨，阿依达把加尔琪搂抱得更紧了——她已经给这只雌性狼崽起了个美丽的名字。

　　女巫最终放弃了，她知道自己是不可能让这个倔强的女孩改变主意的，她现在最发愁的不是怎么横渡眼前的河流，而是如何面对雷吉特。这样任性的女孩，不服管教，抱着一只食肉动物的幼崽出现在首领面前，首领将如何面对族人异样的目光？

　　"昂呜——"埃塔发出了信号，它终于迈进了河里。它的方向感告诉它：路线没有错，只是河水变得深多了。埃塔义无反顾地向对岸涉去——那里有茂盛的草木，它似乎闻到了那种诱人的味道。其他猛犸也纷纷随着首领走进河里，有一头母象海茜已经有了二十多个月的身孕，涉水对它来说非常艰难，但它也没有丝毫的犹豫。

　　埃塔走到河中心的时候，又发出了一声鸣叫，它似乎已经意识到了，有猛犸掉队了。绝大多数猛犸跟在埃塔的身后，它们充分相信首领的决策，不离不弃。但是苏辛和另一头成年雄象却长时间地伫立在河边，看着埃塔露出水面的身体越来越小，到河中心时，河水已经淹没了埃塔的多半截身子。对于一些身材远没有成年猛犸高大的青年猛犸来说，那里足以淹没它们。

　　乌格和阿依达的争执暂时告一段落，她俩为象群的命运担心着，阿依达看到娜拉即将被河水吞没，她不由得高喊起来："娜拉——快往回走！"

　　可是，阿依达的担心是多余的。埃塔停下了脚步，它和另几头成年猛犸，把娜拉和怀孕的海茜护在中间，娜拉和海茜高高地扬起了鼻子，它们的身体被河水淹没了，可它们的鼻子还能正常地呼吸。没过多久，海茜的脑袋先露了出来，紧接着，娜拉的脑袋也露了出来。它们越走水越浅，终于顺顺当当地到达了对岸。

　　阿依达欢快地呼喊着，似乎在说："娜拉，我为你骄傲！海茜，我也为你骄

傲！"乌格冷峻的脸上挂起了微笑，多么神奇的一幕[2]！

"昂呜——"顺利到达彼岸的埃塔发出了呜呜，似在召唤苏辛快速过河，也似在召唤阿依达和乌格。但是苏辛徘徊良久，最终掉头走了，那头雄性猛犸紧随着它。阿依达连连叫喊苏辛回来，可是没有得到任何回应。她无可奈何，只能把目光投向了乌格，她想过河去，她已经习惯了和埃塔它们一起生活。

乌格当然明白阿依达的心思，可她知道这是不现实的，人和猛犸的相遇太过神奇，眼下这段奇缘到了应该结束的时候。她突然看到，有几个人正在向这边跑过来。

① 灰狼幼崽出生后要一周左右才能睁开眼睛，大约要40天才能断奶，之后可以吃一些碎肉。三四个月大的小狼，就可以随着父母去猎食，半年以后就可以自己找食物了。灰狼的寿命大约为 12 ~ 14 年。

② 科学研究发现，现代的大象，仍然会用这种方式过河。

第五节

对面跑过来五六个人，穿着兽皮衣服，手持投枪或者弓箭。他们蹚过那条从山上流淌下来的支流，领头的提可多急不可耐地拉开了弓，冲着远去的苏辛射了一箭。提可多的箭射得非常准，苏辛的后背受了伤，两头猛犸加速跑了起来。提可多一箭得手，更加得意，他举着投枪，召唤着同伴们追上去。猛然间，一块石头擦着他的眉骨飞了过去，吓他一跳。他定睛一看，不远处一位棕色头发的女孩，手提飞石索，正对自己怒目而视。

提可多勃然大怒，从来没有人敢对他这么放肆！就这么一犹豫，猛犸已经跑远了。提可多刚想痛骂，却看见后面的德阿蓬跑到女孩的身后，向着一位苍老的女人手抚左胸，微微弯下腰去，表达着最崇高的敬意！

"乌格！"提可多暂时收敛了怒气，这老女人还活着？几个年轻人跳下木筏，都在向女巫表达着敬意。提可多不情愿地走过来，一边问候女巫，一边询问："这个没礼貌的、坏了我狩猎大事的野女孩是谁？"

"她是……"乌格还没有来得及回答，只见部落首领雷吉特一个箭步跳上岸来，斥责提可多他们违背誓言，猎杀猛犸。

德阿蓬心中惭愧，他向首领表示了忏悔。但是提可多却受不了在年轻人面前被首领这么斥骂。他的眼睛瞪得像野牛一样："雷吉特，部落里多少人都吃不饱，你是最清楚的！人要是饿死了，这才是神灵最大的惩罚。我捕杀猛犸，也是为了大家，你看没看到老人和孩子们干瘪的肚皮？"

雷吉特震惊了，他还没有遇到过敢当面这么顶撞自己的人。他努力克制着，不断地告诉自己：提可多虽然鲁莽，但总是一番好意！德阿蓬恐怕矛盾进一步激化，连忙岔开话题说："首领，乌格回来了……"

"乌格！"雷吉特这才发现了眼前的惊喜，伟大的苍鹰之神，这是真的吗？乌格还活着，那……苏达呢？他把目光投向了乌格身边的女孩，顿时像被闪电击中一样：那双淡蓝色的眼睛，分明就是苏达的呀！

"她叫阿依达，你的女儿，苏达的女儿！"乌格声音颤抖，她终于把阿依达交到了雷吉特手里。

"阿依达！"幸福来得太突然，雷吉特再也无法自控，他几乎就要伸开双臂去拥抱自己的女儿。但是提可多却在旁边冷笑起来："雷吉特，你别听女巫胡说。我如果没记错的话，我的女儿杜尔宁是在乌格离开后出生的，她现在才多高？还有辛布力的儿子浩尔岭，他有多高？你的女儿就算活下来，最多也那么高，可这

个女人哪像那么大的孩子？"

雷吉特控制了一下自己的情绪，他坚信乌格的话，他对阿依达也有一种莫名的感觉——缘于父女间的血缘亲情。但他也不能不考虑提可多的话，这女孩确实太高了！

"她是喝猛犸的奶水长大的，所以长得高大。"乌格的话一出口，在场的男人们都面面相觑。

提可多几乎要笑出来，他继续挖苦着："这个故事编得多么荒唐，女巫一定是疯了！首领的女儿，怎么会和一只狼崽子这么亲密？"

"够了，提可多！"雷吉特威严地瞪着他，在他心中，女巫可以和神灵相通，曾经无数次保护过部落，他不能允许提可多这样诋毁她！他做了个手势，其他人知道他要和女巫单独说话，一个个知趣地走开了。阿依达在乌格的示意下，也抱着加尔琪走到了另一边。

乌格把八年来发生的事，向雷吉特做了简明扼要的说明。雷吉特虽然早就预料了妻子的死亡，但当听到确实的消息时，心里还是非常难过。他听了女巫的诉说，更加深信阿依达就是自己的女儿，可是又怎么能让提可多他们相信呢？

"苏达脖子上的兽牙项链就是最好的证明。"女巫向阿依达走去，雷吉特的脚步却迟缓下来，这一刹那，他又在想另一个问题：自己的女儿怀里抱着……狼崽子，这件事该怎么处理？

"你们看她的脖子！那有首领亲手做的兽牙项链——"话没说完，乌格却张大了嘴，阿依达的脖子上光溜溜的，项链居然不翼而飞了！

提可多和几个猎手都禁不住笑了出来。雷吉特抬手制止了大家："请你们保持对女巫的尊重！而且我绝对相信这个女孩就是我的女儿——至于她抱着的狼崽子，我会劝她放下来。如果她坚持不松手，那么我们的山洞，是不能容许她进入的。"

提可多冷冷地"哼"了一声，显然，他对女孩刚才对他的攻击仍然耿耿于怀，所以对于雷吉特这样宽容的处理方式表示不满。

回去的路上，雷吉特近距离地观察着阿依达，他看着女孩子蓝天一样的眼睛，越发感觉到了无比的亲切，即便没有项链做证明，他也知道自己的女儿回来了。瞬间，他的心中溢满了感激之情：伟大的苍鹰之神，我将怎么做才能报答您对我的厚爱！

阿依达虽然和父亲是第一次见面，两个人还没有直接对话，但她已经从雷吉特的目光中感受到了前所未有的温情。虽然他在做决定的时候表情严肃，还说出了不让她进山洞这样的狠话，但阿依达还是心存感激，毕竟他多次制止了那个猎手的挑衅。想起那个凶残的猎手，阿依达心中燃起了怒火，他居然攻击温和的猛犸！想到猛犸，她的心中又酸楚起来，埃塔，娜拉，你们去了哪里？我还能再见到你们吗？苏辛还会和你们在一起吗？

第四章 巅峰对决

第一节

苍鹰部落对女巫的归来表示了隆重的欢迎，他们庆幸女巫还活着。女巫不在的日子里，当他们生了病，只能靠一知半解的药草知识来自救，或者听天由命。虽然在神明的佑护下，他们得以生存下来，但他们经常怀念女巫药到病除的神奇医术。更重要的是，离开了女巫，他们再也找不到其他能与神灵沟通的萨满，神灵有什么新的预示，他们根本无法得知。

看到大家众星捧月一般把女巫围起来，提可多悻悻地站在一旁生闷气。以往他打猎归来，受到的就是这样的待遇，而现在，乌格的出现让他的"英雄"地位受到了严重的影响。与提可多一样落寞的还有阿依达，她抱着加尔琪远远地站在一边。有一些女人和孩子们关注了她，但都没和她说话。女孩怀里的狼崽让人们觉得不可思议，她居然像对待婴儿一样搂着狼崽子，那可是人类的死敌！

乌格把这八年来的历程说了一遍，大家都感到神奇和震惊，一定是苍鹰守护神赐予了女巫超人的力量，这才让她能跟着猛犸来回奔走。

"够了，女巫！"提可多终于爆发了，"你带回来的这个女人，她攻击勇士，还收养人类的敌人——狼崽，我们该怎么处治？"

雷吉特感觉到了提可多的咄咄逼人，看来，这个狩猎能手的情绪很难控制了，

一定还在为刚才自己当众对他的斥责而耿耿于怀。他感到左右为难，即便犯错的是自己的女儿，作为首领也不能有偏私。

"提可多，你别这么激动行不行？你的嗓门适合到丛林里吓唬野兽，而不是在这里吓唬女人和孩子！"赫达林用独眼扫了扫提可多，他一向讨厌提可多的蛮横，特别对他殴打巴汗老人的行为更是不齿。提可多被抢白了，心头火起，可他还真不敢得罪赫达林——毕竟赫达林是部落里最优秀的武器制造者，还有一个最有潜力的勇士儿子。

赫达林毫不避讳提可多的目光，他还在继续说："这个女孩说话、行走和我们一样，她的内心一定也很善良。至于那只小狼崽，至少现在它不会伤害人，我们可以让她把狼崽放走——毕竟我们都恨狼，谁也忘不了恐狼对我们的伤害——萨拉的耳朵，还有巴汗的胳膊。"

赫达林这番话说得有道理，很多人在点头。但提可多并不甘心："赫达林，我一向尊重你的公正，可我相信你刚才已经听到了，女巫一个劲儿地说她是雷吉特的女儿，既然这样，雷吉特，你要怎么惩罚你的女儿？"

看到提可多又把矛头指向了自己，雷吉特陷入了沉思。阿依达紧紧搂着狼崽不撒手，提可多偏偏揪住这一点不放，确实让他很为难。作为首领必须公正，可一想到要惩罚这个刚刚和自己重逢的女儿，他的心中无比痛楚，就像被骨针刺穿了一般。

"其实，以前也有人这样驯养过动物。"说话的是巴汗。这位老人语调虽然轻缓，但却像晴空霹雳一样，震惊了所有人。提可多火冒三丈，他攥紧了拳头，如果不是在众人面前，他肯定就要挥拳把巴汗打倒。

巴汗下意识地往后退了一步，显然有些胆怯。但看到大家的目光全都聚集过来，雷吉特更是用鼓励的目光看着自己，他不由得挺起了胸膛。"确实是这样的，很多年前，迈阿腾领着我们救了一个克洛维斯人，他就给我讲过，他们曾经驯养过野马，

但是没有成功。他还说，亲眼见过有的部落驯养过狼①，不但不会伤害人，还能帮人打猎呢。"

提可多气得七窍生烟，他好不容易给雷吉特出了个大难题，居然让巴汗轻描淡写的几句话就给化解了。巴汗看到提可多那双眼睛简直要喷火了，估计对自己的恨意已经到了极点，索性就豁出去了，继续侃侃而谈："这事很多人都知道，你们可以问女巫，她可以证明我说的话。我想阿依达是喝猛犸奶水长大的，她身上一定有野性，而且她长年跟着猛犸迁徙，对动物的感情肯定要比我们深。既然她能平安回来，一定是神灵的指示，要是因为收养小狼就惩罚一个孩子，神灵是不会原谅我们的。当然，大家不愿意接受这只狼崽子，可以把它放到丛林中去。"

雷吉特含笑点头，向巴汗投去了感激的目光。他又征求了其他猎手的意见，多数人认可巴汗的说法。提可多还想再说什么，雷吉特已经抬手制止了他，语气也很严厉："提可多，今天你又违规猎杀猛犸！难道还要我天天提醒你吗？我们在迈阿腾面前发过誓，不能去猎杀猛犸！你一次次违反誓言，你的眼中还有迈阿腾吗？"

提可多再一次颜面扫地，他环顾四周，感觉每个人看着自己的眼神都像幸灾乐祸似的。他不由得暴跳如雷："雷吉特，我是部落第一勇士，我狩猎也是为了部落里的族人能填饱肚子。你不要总拿迈阿腾来压我！就是他在的时候，对我也是客客气气的。况且这么多年过去了，他是生是死，我们谁知道！"

"住口！提可多！"雷吉特发怒了，"我不允许你对迈阿腾不敬……"

一阵痛苦的呻吟声从洞内传出来，打断了男人们的激烈争论。一个女人慌慌张张跑出来："坏了，阿姆疼得厉害，她生不出来……"

赫达林急坏了，可他无能为力，只能跑到洞口默默祈祷。乌格打开自己的皮袋，找出几种草药来，急匆匆地进了山洞。看到女巫进去了，大家的心放下了一半。赫达林刚刚看到些希望，山下传来一迭声的叫喊，又让他跌入了冰窖中。

"快……快来救蒙可！他被狮子抓伤了——残暴狮②！"

★★★

① 科学家对来自于欧洲、亚洲、非洲和北美洲的654只狗进行脱氧核糖核酸（DNA）分析后，得出一个结论：曾经活跃在中国境内或中国周边的东亚灰狼，是当今全球几乎所有家犬的祖先。狼在大约1.5万年前被人类驯化为狗，并逐渐扩散到世界各地。

最近，有专家在美国德克萨斯州一个洞穴中，从9 400年前早期人类的粪便中发现了犬类头骨碎片，从而证实早期人类在北美洲驯化、饲养、食用犬类动物的历史至少可追溯至那时。

② 美洲拟狮俗称"残暴狮"，是现代狮子的近亲。最大的雄狮体长可达4米，重达450千克，不仅是美洲猫科猛兽中的庞然大物，也可以说是地球上有史以来最大的猫科动物。它们经常以各种大型动物（如北美野牛、麋鹿和短面熊等）为猎食对象，可见其凶悍。它们的尖牙利爪甚至能在岩石上留下痕迹，"残暴狮"这个称呼实至名归。

第二节

蒙可和同伴在往木筏子上装野麦子和猎物的时候，他们猎到的灰狼和狐狸引来了两头饥饿的美洲拟狮。蒙可带领大家勇敢地和狮子搏斗，还刺伤了其中一头，但是被另一头狮子当胸抓了一爪。蒙可胸口血肉模糊，虽然同伴们进行了包扎，但鲜血仍然在不停地往外渗着。

赫达林急得团团转，他想请乌格出来救儿子，可是山洞里阿姆撕心裂肺的呻吟一声高似一声，那也到了最危急的时刻！正在大家慌手慌脚、束手无策的时候，阿依达挤进了人群，她把加尔琪放下来，解开了腰间的"百宝囊"，从里面翻出各种的草药。她检查了蒙可的胸口，轻轻解下包扎用的皮子，熟练地用手指挤压

着伤口。渐渐地，血不再往外渗了，她便找出几味药末，撒在蒙可的伤口上。

"我的鸢尾草用完了，你们谁有？"这是阿依达第一次和部落里的人对话。

"有，有……我记得谁有……"赫达林有点语无伦次了，思维也变得混乱起来。

巴汗却帮着他想起来了："萨拉——萨拉——"

萨拉从洞里跑出来，问清情况，又跑进洞里，取来一束新鲜的鸢尾草，上面还有几朵青紫色的花。

"我需要它的根须，快榨出汁来，敷在他的伤口上。还有，那几朵花不要扔掉，用热水泡一下，让他喝下去。他很疼，这种药汤能缓解疼痛。"

女孩指挥若定，很快，蒙可的伤口被处理好了。她又要了几条柔软的动物皮子，把他的伤口包扎了起来。

"感谢神明！他的脸色好多了！"赫达林的眼睛里飘着泪花。虽然蒙可还没有完全苏醒，但命是保住了。他掉转头来，看着女孩从容不迫地收拾好了药包，抱着加尔琪又走开了。赫达林激动起来："雷吉特，我觉得应该请阿依达进山洞！她将是最好的巫医！我们都看到了她的神奇！"

雷吉特的心中充满了骄傲，他环顾了一下四周，众人纷纷点头。只有提可多黑着脸，也不和大家的目光对视。雷吉特的心终于放了下来，他走到女儿面前，轻声说："阿依达，大家请你进山洞，但是你得把小狼崽放走！"

"不！"阿依达和父亲的第一次对话，是以争论开始的，"它还不能自己找东西吃，我如果不照顾它，它就再也见不到下一次太阳升起！"

在部落里，除了提可多顶撞过自己，还没有哪个人敢这么放肆。雷吉特被女儿当众拒绝，他有些恼火，首领以及父亲的尊严都受到了挑战。冲动之下，他一指山顶："如果你不放弃这只狼崽子，那么只有去山顶住了——那里有间小石屋！但是……我希望你记得，我们很多族人都惨死于恐狼的袭击中，也包括……苏达……"

阿依达头也不回地朝山上走去。雷吉特看着她倔强而孤单的背影，心里很不是滋味，但他没有办法做出其他的决定。

赫达林倒是不忍心让一个女孩子独自在荒山上生活，这是多么危险的事啊！他想追上去，再劝慰几句。就在这时，山洞里传来了一阵"哇……哇……"的啼哭声，几个女人欢笑着跑出来报喜："是个健康的男孩！"

赫达林欢呼着冲进山洞，雷吉特也露出了笑容，又一个猎手出生了！其他人纷纷向首领祝贺，部落里添了男丁，这是兴旺的迹象！提可多气冲冲地走开了，路过火堆时，看到萨拉正在烤炕里煮着鸢尾草的花，他抬起腿来狠狠地踢了这个女人一脚。

❖ 第 三 节 ❖

阿依达顺着山涧攀上了山顶，顺利地找到了那间石屋。她站在山顶远望，东边是连绵起伏的大山，山势远比她脚下这座要陡峭险峻。远远望去，那座大山，山顶覆盖着的冰雪，已经化得差不多了。雪水从山上流下来，顺着山脊，最终注入了山脚下那条河中。苍鹰部落生活的这座山并不十分高大，山头原有的冰雪早已化完，所以阿依达脚下的土地是干燥的。她又往北方看去，北方大山的山势起伏不平，已经没有了冰雪的痕迹，到处是莽莽苍苍的密林。

因为河水暴涨，雷吉特担心洪水泛滥会危及部落的安全，就建了这间石屋，雨水特别大的时候，他总要安排人手来此瞭望。

阿依达走进了狭小的石室，里面只有一块破旧的兽皮和一些杂乱的干草。她怀中的加尔琪已经"嗷嗷"地叫了起来，肯定是饿极了。阿依达拿出水袋，喂了它两口，但它却叫得更凄切了。这可怎么办？如果没有吃的，这个小东西活不了多久的。它还没长牙齿，也不能吃肉干。要是埃塔还有奶水，它一定会让我救活

这个小东西的，埃塔可比这些狠心的男人都要善良！

阿依达心中对那些男人充满了愤恨，也包括她的父亲。这几年乌格已经让她了解到狼的凶残和血腥，她也知道狼是人类的死对头，但是怀中这个毛茸茸的小东西，却怎么也让她恨不起来。她现在只有一个念头：找到吃的，救活加尔琪！

阿依达走出石屋，站在这山头的最高点向下观望。她看到了那条河，她的眼睛湿润了：刚才就是在那条河边，埃塔和娜拉第一次和她分别。她向河对岸望去，希望能看到猛犸的影子——哪怕只是一些小黑点也行。河那边的树木和青草依稀可见，却不知道埃塔它们在哪片树林中休息或者进食。她突然间有些害怕，虽然她胆大任性，但毕竟只有 8 岁，身高上的优势并不能代表她心理上的成熟。想到这儿，她更气恼雷吉特的无情，更愤恨那个丑陋无耻的提可多。

天色还早，眼看着加尔琪已经饿得叫都叫不出来了，阿依达决定去附近的山里转转，她一定得弄点吃的回来。

山峰的另一面地势崎岖不平，长满茂密的落叶阔叶林，偶尔也有几片褐色的栎树。阿依达发现了几株柘木，她做了一些标记，以备日后来取一些树皮。乌格曾经教过她，用柘木皮来熬汤，可以化瘀止血。

绕过柘木，她在路上摘了些野生榛子，边走边吃。突然间她欢快地叫了起来，原来在悬崖边上有一丛灌木，里面长了好大一片野草莓。阿依达小心翼翼地走过去，摘了几枚塞进嘴里，甘甜的果汁在舌尖跳动，好甜的果子！阿依达又在想着加尔琪的食物，如果它能吃果子也行啊！她努力回忆着乌格说的一切，如果小孩子奶水不够吃，女人们就会把蔬菜和肉类捣成泥，再用水煮熟来喂他们。想到这儿，阿依达决定在附近采些蕨菜，回去捣成泥试试。不过眼下，她得先尽情享受这些果子，有了力气才好去做这些事。她又一次伸过手去，猛然间听到"啊呜——"一声低吼，吓了她一跳。她循着声音往山谷中望去，天哪！浅褐色的毛皮，黑色的斑点和花纹，两根弯刀似的犬齿——剑齿虎[①]！

在八年的迁徙生活中，阿依达见识过不少动物，其中就有剑齿虎。她亲眼见过剑齿虎是怎么扑倒一头野牛的，虽然野牛的体重是剑齿虎的三倍多，但是剑齿虎前肢肌肉发达，居然能将奔跑中的野牛迅速拉倒，那两根超过十二厘米长的犬齿利剑般刺入了野牛的喉咙，不到一分钟就结果了它的性命。那一天，幼小的阿依达看得惊心动魄，甚至担心剑齿虎会来攻击猛犸。好在乌格告诉她，剑齿虎不敢接近巨大的猛犸，它们在肉食动物中并不是顶级猎手，还有比它们厉害的，比如残暴狮。

阿依达伏在悬崖上不敢出气，她偷偷地回头望望，不知不觉已经走了这么远。她必须得赶紧离开，免得被剑齿虎发现。可她又忍不住悄悄地探头去观望，却发现那只剑齿虎正在向密林中走去，走路的姿势古怪，一瘸一拐的，像是受了伤。还有谁能伤害得了它？难道是残暴狮吗？不知道狮和虎相争，该有怎样的惨烈搏杀，阿依达的心中充满了紧张和好奇。

当阿依达回到石屋的时候，她惊呆了。地面上堆了两大捆干柴，地上又多了一张崭新的兽皮，旁边摆着一大块烤得香喷喷的鹿肉，还在冒着热气！有一小块肉居然被扔在加尔琪身边，只可惜这小东西还没有咀嚼能力。是谁来过？阿依达冲出石屋，往山下张望，她看到了一个男人的背影走进了丛林，一瞬间她感觉到了无比的温暖——是那个"狼心"的雷吉特。

阿依达很快生起火来，又掘了个烤坑，把水灌进去。等水烧开以后，她找了两块圆石头，把那一小块肉和采摘来的蕨菜砸烂，全部扔进了滚烫的水里。香味很快飘出来，已经饿得气息奄奄的加尔琪来了精神，不断地用鼻子嗅着。阿依达翻出木碗，盛起一碗自己先喝了一口，烫得她吐了一下舌头。她看到加尔琪凑了过来，连忙叫它先忍忍，不晾凉的话，肯定会烫烂它的肚肠。可是加尔琪显然是急不可耐了，一个劲儿地往她身上拱着。

有了火的夜晚，阿依达不再害怕了，但她的思念之情又涌上心头。她在想埃

塔和娜拉，还在想乌格，当然，也会想想那个"狠心"的雷吉特。吃饱了的加尔琪依偎在她身边，睡得香甜。阿依达拍拍这可怜的小东西，雷吉特居然还给它撕了一块肉，这真是让她做梦也想不到的。她想：部落里的人知不知道山谷中有剑齿虎呢，而且还可能有比剑齿虎更凶猛的动物。她明天要去告诉大家。可她又想：不知道自己说的话会不会有人相信？那个提可多肯定会嘲笑她，所以她应该先去探查清楚。可这个念头让她有点发怵，那两根弯刀一样的剑齿，似乎正在黑夜里冒着寒光。想到这儿，阿依达又往火堆里扔了几根干柴，让火势旺一点。

★★★

① 活跃在北美洲大陆的剑齿虎别称"致命刃齿虎"。这个可怕名字的来由很大程度上是因为其模样：呈马刀状的剑齿超过 12 厘米长，上下颌可张开 95°，令人胆寒。它们的身躯结实有力，是肌肉发达的力量型选手。据最新研究显示，它的正常体重在 160 ~ 280 千克之间。不过，致命刃齿虎虽然是大型猫科动物，可在美洲拟狮和短面熊面前还属于弱者。

第四节

　　猛犸的哺育给了阿依达强健的体魄，也给了她粗豪的胆量。她还是去了！她循着昨天的路径，探寻着剑齿虎的足迹。找到那几株柘木时，她变得小心谨慎起来，手里紧紧握着飞石索——虽然她也知道，这种武器对付剑齿虎是没什么效果的，但她还是不由自主地紧紧握着。她顺利地找到了昨天来过的那片悬崖，伏在崖边向下观望良久，却没有发现任何踪迹。她观察着山的走势，左边的山坡较缓，上面挂着不少藤蔓，她可以轻松地从那里抓着它们下到崖底。这两天没有下雨，

受伤的剑齿虎肯定会留下很多痕迹，只要她仔细辨认，一定会找到剑齿虎。但是她犹豫了良久，终于还是决定放弃这种危险的尝试。

回去的时候，她摘了不少野草莓。这一次，石屋里依然有一块烤熟的鹿肉，比昨天的那块还大还香。阿依达吃了几口，发现加尔琪又拱过来，她急忙像昨天那样给它煮了粥。只是这次她突发奇想，把野草莓砸烂了扔在沸水里，这样煮出来的粥便有了甜味，加尔琪居然喝得津津有味。在品尝鹿肉时，阿依达又想起了雷吉特，显然他对自己的关心是真挚的，但为什么就不能接受加尔琪呢？它这么小，又怎么能威胁到大家呢？难道它长大了，就会变成攻击人类的恶狼吗？它也会攻击我吗？

想到这儿，阿依达不由自主地瞪着加尔琪。小家伙却茫然无知，只知道吃饱了往兽皮里钻，看样子又要睡着了。阿依达摇了摇头，继续思考剑齿虎的事。那个提可多不是第一勇士吗？他敢一个人去找剑齿虎吗？小女孩得意了一小会儿，又有些莫名的沮丧，毕竟自己也没敢下山崖。可谁不害怕剑齿虎呢？或许还会遇上残暴狮，没有什么事比这更可怕了吧。

过了几天，阿依达终于顺藤而下了。她发现了被剑齿虎踩断的树枝，还发现了几株暗黑色的小草。她抓起来嗅了嗅，有微微的腥气，草上的东西应该就是那头受伤的剑齿虎的血。这是一只强壮的雄虎，又有谁会把它伤成这样？阿依达谨慎地在草丛中穿行，每一次落足前她都会屏住呼吸，生怕发出一点儿声响。猛然间从前方的草丛蹿出一只小动物，阿依达不由自主地叫了起来，手中的飞石索下意识地飞了出去——她太紧张了！居然连绳套也飞出去了。一只小动物应声倒地，阿依达这才发现，竟然是一只棕色的狐狸。

她甩了甩手上的汗珠，暗笑自己被吓成这副模样。她去捡拾这件意外的战利品时，又听到了一声低吼，声音虽然不大，却透着一股威严，吓得她拿在手中的狐狸几乎掉到了地上。她赶紧伏下身来，扒开草丛向四周观望。左前方的一块大

岩石上面，伏着一只懒洋洋的剑齿虎，看样子是只雌虎。岩石的后方，是一个黑乎乎的山洞，正有一只雄性剑齿虎从洞里走出来——它的腿伤还没好，走路很艰难。两只虎发出了几声低鸣，似乎在交谈。随即又有两只幼崽从洞里钻出来，它们像加尔琪一样，拱进了雌虎的身下，吸吮着母亲的乳汁。但是它们还没有吃上几口，就被雌虎用爪子推开了，不再让它们靠近，急得两只幼虎嗷嗷直叫。

雄虎看着这一切，默默地跳下了岩石，笨拙地蹒跚着向丛林中走去。阿依达明白了：雄虎在猎食的时候受了伤，它们缺少食物，雌虎的奶水不够了，雄虎现在带伤去猎食，这对于靠速度和爆发力猎食的猛兽来说，难度非常大。探察好了这一切，趁着眼下安全，阿依达拾起武器，拎起狐狸就往回走。走了几步她又停下了，也许是因为从小跟着猛犸一起生活，她对野生动物有着一种特殊的亲近，也许是因为这几天精心抚养加尔琪，女孩心底固有的善意又被点燃了。她回过身来，在草丛中弯腰前行，在草丛的边缘放下了狐狸，相信饥饿的剑齿虎会循着气味找到这里的。做好这一切，她开心极了，悄悄退回去，走到安全地带时，她高高地昂起头，大步流星地往回走。"不能告诉别人，否则的话他们一定会来捕杀剑齿虎。"一路上，阿依达不断地提醒着自己。

阿依达看了看太阳，今天回来得早，也许能碰到雷吉特。不知道为何，她特别想把这两天的事儿告诉雷吉特。

走近石屋的时候，女孩闻到了肉香。她欢快地跑到门口，几乎和一个人撞在一起。"你好，阿依达！我是巴汗。"老人钻出石室，笑眯眯地说。

阿依达对这个独臂老人有着特殊的好感，他那天勇敢而正义的言论很大程度上维护了她的安全。巴汗是来给她送吃的，这回还加了一个皮袋——是用山羊的胃做成的——里面装满了动物的油脂①。这是雷吉特让他送来的，怕夜里寒冷，让阿依达可以在食物里加些油脂来御寒。阿依达心中充满了感激，原来自己并不孤单。她突然看到老人的额角上有一块瘀肿，急忙问是怎么伤的。

巴汗苦笑着说："没什么，提可多打的！"

阿依达明白了，提可多因为巴汗说了几句公道话，从而把怒气发泄到了这个老人身上。这个无耻的人，还说自己是第一勇士！"巴汗，我教你用飞石索，下回他再打你，你就用飞石索回击！"

巴汗嘴角露出了笑容。他接过阿依达的飞石索，找了块圆溜溜的石头，瞄准了不远处的松树，甩动飞石索，"嗖"的一声，一颗松果应声而落。阿依达瞪大了眼睛，她原以为老人是在瞄准松树，哪里想到他能打落树上小小的松果！她瞅着巴汗那仅存的三根手指，无法想象他是怎么创造神奇的。

"巴汗！你太……太了不起了！你可比乌格厉害得多……"阿依达突然闭上了嘴，一脸尴尬，她无意中竟然泄露了女巫的秘密。

巴汗却善意地笑笑，转变了话题："我忍着提可多，是怕他更加狠毒地殴打萨拉——哦，我的女儿是他的女人。阿依达，大家都在议论你的医术高明，蒙可已经能走路了，他更是夸奖你的本领。你的飞石索打得不错，但我可以教你更好的发力方法……"

那一天，阿依达在老人的精心指导下，不知疲倦地练着，直到她成功地打下了松果。她抱住了老人的脖子，欢呼起来。两个人都累了，便坐下来吃烤肉。阿依达把昨天剩下的野草莓拿出来，请老人品尝。

巴汗问她在哪儿采的？她说了方向，巴汗点了点头，他知道那个地方，悬崖多，动物少，所以部落里的人很少去那个山头。他暗想：这女孩的身体素质可真好。他正想起身下山，阿依达突然想起一个问题："巴汗，你说剑齿虎，嗯，是那种成年雄性剑齿虎，它如果受了伤，会是谁干的？可能是残暴狮吗？"

巴汗吃了一惊，他关切地问："你见着剑齿虎了？部落里的人曾经猎到过剑齿虎，但是已经有几年没出现了，大家以为它们迁徙或者灭绝了呢。"

女孩没有回答，但她的表情分明给出了答案。巴汗告诉她，残暴狮和剑齿虎

之间很少发生争斗，毕竟那两根长长的剑齿，也是残暴狮所不愿意面对的。但是残暴狮并不是顶尖的掠食动物，有人见过残暴狮攻击短面熊，可那都是些体型矮小的；但如果遇到巨型短面熊②，那将是残暴狮的噩梦，巨型短面熊也是所有动物的终结者！

"巨型短面熊！"阿依达想起来了，"乌格说过，山洞里有一副巨大的骨架，就是短面熊骨骼！"

"不！"巴汗摇了摇头，"雷吉特他们猎到的那种是倭短面熊③，虽然也很庞大，但和巨型短面熊相比，它顶多算是一只—— 一只鹿或者高山绵羊。巨型短面熊直立起来的时候，比两个成年男人还高，太可怕了！阿依达，你为什么这么问？你真的看到剑齿虎受伤了吗？"

女孩依旧闭紧嘴巴。巴汗只好站了起来，叮嘱她不要走得太远，明天他还会送肉过来。雷吉特这段时间很忙，他要组织猎手去追踪围捕残暴狮——

怪不得今天派了巴汗来送吃的，阿依达畅想着父亲和猎手们手持投枪，围捕残暴狮的壮观场面。她又想到了蒙可胸前那可怕的抓痕，不禁为父亲担心起来。可是，父亲连倭短面熊都能捕到，相信残暴狮也不会威胁到父亲。想到这儿，阿依达的心中又涌起了一种自豪。

★ ★ ★

① 动物的脂肪是原始人的最爱。它的用途广泛，比如可以用来鞣制皮具，经过鞣制的皮袋可以装水和药汤，不会轻易泄漏；把脂肪熬化以后还可以当作引火的燃料，即便是被雨水打湿的树枝，只要抹上点儿油脂，也会很快燃烧起来；在捕猎大型食肉动物时，油脂可以用来火攻，其作用更加彰显出来。当然，原始人最喜欢它的食用价值，尤其是在寒冷的冬天，脂肪可以补充人体需要的能量，保证猎手们拥有充足的活力。脂肪的好处还不止这些，如果有多余的脂肪，还可以制成灯油，放在石头或者动物骨头做成的灯盏里，既能取暖又能照明。

② 当时北美的短面熊主要有两种：巨型短面熊和倭短面熊。巨型短面熊巨大的臼齿可以咬碎动物的骨骼；修长的四肢可以保证它们长时间快速行走；强大的爆发力和冲击力使它们所向无敌——饥饿到了极点的时候，它们甚至敢于攻击庞大的猛犸象！

巨型短面熊除了长满利齿的大嘴外，最显著的特征就是拥有长长的四肢，目前发现的最大的短面熊化石站立起来时高达 4.8 米，虽然高大，但较为"苗条"，体重在 780 千克左右。巨型短面熊的身体结构及其发达的犬齿，表明它具有强大的爆发力和速度，这些保证了巨型短面熊猎食时能成功击败其他食肉猛兽（包括毁灭刃齿虎、美洲拟狮、古棕熊、恐狼、山狮、洞狮等），成为北美大陆上最大也是最可怕的掠食者。

③ 倭短面熊又名原短面熊，是短面熊中较为原始的一种，体型较巨型短面熊小许多，知名度也远低于巨型短面熊。它有着长而狭窄的头骨以及较小的牙齿，所以可能以杂食为主，食性类似今天的美洲黑熊，不像巨型短面熊那样偏好肉食。

第五节

"嗷呜——嗷呜——"一声接一声的怒吼震惊着阿依达。善良的女孩手中提着两只被石头打死的兔子，原准备再送到剑齿虎的洞穴附近，帮助一下那两只可怜的幼虎，但是远远就听到了激昂的嘶吼声。这声声怒吼若沉雷轰鸣，震耳欲聋；又如惊涛拍岸，似乎能直接击穿人的五脏六腑。什么动物能发出这样强劲的嘶吼？阿依达心头狂跳，随即涌起了一种恐怖的念头：不会是……

阿依达蹲下了身子藏在草丛后。前方的打斗声和怒吼声交织着，空气中飘浮着血腥的味道，令人不寒而栗。剑齿虎的洞穴前一头巨兽挥舞着硕大的熊掌，每一声怒吼，每一次追逐，每一次拍击，都令大地颤抖。而它的对手——那两只剑齿虎，正一左一右，龇着雪亮的钢牙，虎视眈眈，严阵以待。它们也在不断地发

出短促的嘶吼来威慑对手，只是它们的吼叫声被短面熊一声高似一声的怒吼掩盖了。短面熊身上已经受了伤，但这对于皮糙肉厚的它构不成致命的伤害，反而更加激发了它的怒火。它似乎已经察觉到雄虎跳跃不便，但力量不可小觑；而雌虎虽然身手敏捷，但身体虚弱，所以刚才它被雌虎抓伤了两处，但伤都不算重。

两虎一熊剑拔弩张地对峙着，时而你追我赶，时而扑杀撕咬，虎有虎技，熊有熊招，各不相让。巨型短面熊向来独来独往，除了交配季节，它们都是过着"孤独"的生活，不像剑齿虎和拟狮那样群体捕猎，因此遇上多只剑齿虎在一起时，短面熊并不敢贸然行动。然而这次却不同，这只饥饿的巨熊在丛林中晃荡了好几天，也没有捕食到一只大型的动物，眼前的剑齿虎是它的手下败将，也将是它用来填饱肚子的美餐。

相比之下，两只剑齿虎的状态都很糟糕，但为了尊严，为了生存，更为了它们的幼崽，还是尽力和短面熊周旋着。它们左右夹击，想先消耗短面熊的体力，再发出致命的一击。但是几个回合下来，短面熊虽然形体巨大，速度却并没有受到影响，它的反应依然敏捷。

伏在草丛中的阿依达看得胆战心惊，脸上的汗水涔涔而下，把眼前的草丛都洇湿了一片。她只觉得心里像有一只兴奋的兔子在跳跃，她咬紧了牙关，尽力克制着自己的情绪。两只剑齿虎已经处于下风，但是它们却不肯退缩，因为洞里还有它们的孩子。阿依达同情弱者的善良天性使她抓紧了手中的飞石索，不断告诫自己：千万别出手！这么强壮的巨兽，几乎没什么要害可言，即便打到熊的眼睛，也就像进了粒沙子而已。而且，三头野兽盘旋纠缠，令她眼花缭乱，又怎么会有出手的机会？

就在阿依达内心纠结的时候，局势又发生了变化。短面熊再次被雌虎抓了一下，雌虎一击得手，急速后退。短面熊兽性大发，它不顾身后雄虎的威胁，拼尽了全身力气冲向雌虎，巨大的熊掌带着风声砸过去，雌虎及时跳开，"咔嚓"

一声，短面熊把雌虎身后的一棵枯树打折，树干砸了下来，正砸在雌虎的头上。雌虎发出一声哀嚎，显然是被砸伤了！短面熊趁势扑上，挥起了巨掌，想拍扁雌虎的脑袋。危急时刻，雄虎奋力一跃，它的利爪牢牢抓住了短面熊的后背，想奋力把它拉倒在地——就像拉倒庞大的野牛一样。但是巨熊的力量远远高出它的预想，短面熊回身就是一掌，结结实实地拍在雄虎的头上——就像一块带着尖刺的巨石砸下来一样——雄虎哼都没哼一声，血肉模糊地栽倒在地上。就在这电光火石的瞬间，雌虎恢复了知觉，它一跃而起，扑到短面熊的身上，两根利牙狠狠刺向短面熊的喉咙——它要切断熊的喉管，完成最后一击。就在这场惨烈的搏杀即将终结时，意外又发生了，短面熊一个转身，竟然把雌虎远远甩了出去。熊的喉咙部位插着一根断掉的虎牙——雌虎的一根长牙刚才被枯树砸裂了，咬熊时竟然断成两截儿。雌虎口中流着血，它挣扎着爬起来，不甘心地低吼了几声，终于掉头逃进了树林中。

短面熊的喉咙仍在流血，但它总算死里逃生，成为了这场巅峰对决的最后胜利者。它站直了身体狂吼了一声，准备去享用死在地上的雄虎，猛然间却发现洞口处探出两颗小脑袋瓜。短面熊立刻来了精神，向洞里伸出了巨掌，准备朝幼虎们下手。"嗖——啪——"阿依达手中的飞石索扬了起来，石头飞得又快又准，正砸在巨熊的眼窝处。短面熊惨叫了一声，眼角处流下血来。但是它的眼睛并没有被砸瞎，它认准了石头飞来的方向，像阵黑色旋风一样刮过来。

阿依达一看大势不妙，撒腿就跑。她奔跑速度惊人，但是受伤的短面熊急于报仇，更是紧追不舍。阿依达身上早被荆棘野刺划得鲜血淋漓，但她全然不顾，只听到身后的草木"噼里啪啦"响个不停，她甚至能感受到熊嘴里发出的腥臭气味。女孩的心中已经没有了恐惧，甚至没有了意识，她只有不断地奔跑。可是短面熊终究占据了上风，人和熊之间的距离越来越近，眼看着女孩快被巨熊扑倒撕碎。突然间一支投枪掷过来，擦伤了短面熊的耳朵。但是这并没有影响短面熊的速度，

女孩更加危险了。

"到火堆后面来！"不知何时，雷吉特来了，他已经把前面的干草点燃了，招呼着阿依达。阿依达跑过去，接过父亲递过来的一根火把，按照他的指挥，转着圈儿点火①——短面熊只好绕着火圈前后左右打着转转，急得它嗷嗷直叫，就是不敢往火里钻。

雷吉特手中已经没了武器，他只有拿着火把，不停地晃动，让火堆外面的短面熊不断地感受到灼热。"阿依达，打它的眼睛！"

阿依达惊魂未定，所幸还紧紧抓着手中的飞石索，她调整了呼吸，摸了一块最尖利的石头出来，瞄准了短面熊的眼睛，按照昨天巴汗教她的新手法，"嗖——"的一声，石头飞了出去，短面熊那只受伤的眼睛终于看不见了。这回它痛到了极点，挥舞着巨掌暴跳如雷，不顾一切试图冲进火圈，阿依达伸到它眼前的火把居然被它一巴掌扇飞，连带着阿依达也被甩得远远的。好在雷吉特的那根火把又伸了过来，灼热的火焰燎伤了它的巨掌。再强大的野兽也畏惧火的威力，已经多处受伤的短面熊终于放弃了，它嗥叫了几声，朝着森林深处逃去。

阿依达躺在草地上，浑身似乎连骨头都软了。雷吉特用树枝抽打了一阵，将地上的火熄灭，他也紧张得全身是汗。"如果不是巴汗告诉我，我根本不会找到后山上来。那样，我就再也见不着你了……"雷吉特看见阿依达的样子，再也不忍心说下去。待阿依达喘息稍定，他伸手过去，把女儿拉了起来。阿依达没有把手抽回的意思，雷吉特也就没有松开，父女两个人手挽着手、肩并着肩往回走着。

雷吉特想说：把那只小狼养几天放走吧，这样你就可以回到山洞了。但他还是没有说，因为女儿那倔强的眼神告诉他，还是别说了吧，免得都不开心。

阿依达也想说：她想回去看看那两只幼虎，如果受伤的雌虎还没有回来，它们一定会饿死的。但她也没有说，她怕说出来，父亲又一次震怒。

嫣红色的云朵在空中飘动，就像美丽的轻纱曼妙多姿，一抹斜阳照在山头上，

山间的野草被晚霞涂抹出华丽的金黄。父女两个人相携着走到石屋前，阿依达轻轻地挣了一下，雷吉特缓缓松开了手，站在洞口看着女儿，目光中充满了慈爱。阿依达感受到了父亲浓浓的情意，她很想请他进来坐一会儿，但不知道为什么，她没有说出口。

"嗷嗷……"石屋里传来加尔琪的叫声，雷吉特哑然一笑，他转身朝山下走去。提可多已经发现了残暴狮的行踪，对于苍鹰部落来说，这将是一场严峻的挑战。作为首领，雷吉特必须得做好充分的准备，带领族人去消灭那两只野兽。

阿依达的衣服快被扯成碎片了，如果能猎到完好的狮皮，就给她换一件，她一定会喜欢的！走到半山腰的时候，雷吉特回头看了一眼，女儿正在石屋前逗着小狼崽玩。

真是个孩子，虽然长得高！雷吉特摇了摇头，带着笑意下山了。

❶ 一些学者认为，人类最早在40多万年前就开始用火。而另外一些学者认为，人类有意识地控制用火发生在大约20万年前。尽管存在这些争议，但古人类学家普遍认为，制造、使用工具和用火对促进人类进化发挥了重要作用。古人类用火以祛除严寒和威慑猛兽，同时，火能够用来加工肉类食物，以摄取更多的蛋白质等营养成分，促进大脑的进化和智力水平的提高。当人类懂得主动用火后，火在狩猎过程中发挥的作用越来越明显，尤其是在捕猎一些大型动物的时候。

人类用火约经历了以下几个阶段：第一，使用天然火。火山爆发、雷电轰击、树木的自燃等等，都可以形成天然火。这种过程反复多次，使人们看到了火的威力和作用，逐步学会了用火。第二，钻木取火。通过钻木摩擦生火，再引燃易燃物，取得火种，点燃火堆。第三，用火石、火镰、火绒取火。据说原始人在打猎时向猎物投掷石块，因石块相碰冒出火星，久而久之，学会用石头互相撞击打出火星，再引燃植物的绒毛取火。后来，这种方法经多方改良，就发明了火石、火镰、火绒等系统取火工具。

第五章 猎杀阴谋

第一节

蒙可在山洞里躺了几天，每天都要喝上几碗苦苦的鸢尾花药汤，耳朵里不断传来伙伴们的议论——大家都带着紧张而兴奋的心情，谈论着"猎狮计划"。他实在躺不下去了。这一天，他站了起来，伸了两下胳膊，感觉还是那么强壮有力，这让他的信心大增，于是，就提着桦木投枪就出了山洞。上一次的凶险经历使他觉得提可多的建议是对的，如果在投枪上安个燧石枪尖，也许会一下子刺穿残暴狮的肋骨。

"很高兴你恢复了健康。"提可多的脸上阴云密布，一点儿没有"高兴"的样子，"蒙可，那个女人——雷吉特来历不明的女儿，她收养了一只灰狼还不算，又收养了两只剑齿虎崽子！"

"什么，剑齿虎！"蒙可吃了一惊。阿依达收养小狼的事，他自然知道，他对这种怪异的行为并不理解，但因为对阿依达的特殊情感，所以在心里慢慢地说服了自己。等他从昏迷中苏醒过来，听说是女孩救了自己的命，这种好感又变成了感激之情——他甚至想着伤好以后，打一只漂亮的猎物，最好是皮毛柔软的狐狸或者貂之类的，送给女孩表达谢意，当然他还要送还女孩遗失的兽牙项链。

"这太危险了！"蒙可有点担心，这个阿依达是怎么回事？难道她的思想有

79

别于族人吗？在他的意识里，野兽和人永远是对立的，要么人吃掉野兽，要么野兽吃掉人。"她是雷吉特的女儿，怎么可以做出这种离谱的事呢？"

"雷吉特？"提可多脸上露出了不屑，随即又将不屑转化成了无奈，"善良的孩子，你是我一手训练出来的勇士，你对雷吉特一直有着勇士的忠诚——就像我一样，可是你的善良却蒙蔽了你的眼睛，他已经不是以前了……"提可多历数着雷吉特的"错误"：他宁可大家挨饿，也不去捕猎长毛象；张嘴闭嘴就是迈阿腾的誓言，迈阿腾已经离开很久了，说是为大家寻找"水晶草"，可是谁知道那是不是一个编出来的故事？为了这个不存在的故事，大家连摆在眼前的猎物都不能碰了。这样能让大家度过即将到来的冬天吗？况且，迈阿腾现在到底在哪里？是死是活谁都不知道！雷吉特对这个不知道是真是假的女儿极为偏袒，每天都派人给她送食物，族人出生入死打回来的猎物，等于是给那个女人和那些野兽吃了……

"提可多，"蒙可的脸上有点儿不悦，虽然他尊敬提可多，但他不想听到对首领的非议，"我觉得雷吉特对大家一向公正，他会处理好这件事的。"

"处理好？"提可多的眼睛朝着山上瞟了瞟，"他说派乌格上山和那个女人谈，如果她不放弃对那三只野兽的抚养，将停止对她的食物供应。可是，如果虎崽子招来成群的剑齿虎，那可是比恐狼的袭击更可怕的事！"

蒙可的眉头紧紧地锁在了一起，他的思维一片混乱，女孩的任性干扰了他的判断，他不知道该怎么回答。半晌，他只能喃喃自语："我想……雷吉特会处理好吧？他不会让这种危险发生的！"

提可多望了蒙可好一阵，这才缓缓地说："真是个忠心的勇士，看来，你对雷吉特不许猎杀长毛象也是支持的。但是你想过没有，孩子，长毛象一天要吃多少青草和绿叶？它们所到之处，草场很快就会变得稀疏，其他食草动物将会远离这片土地，食肉动物也会跟着它们消失，我们能面对的只剩长毛象了——雷吉特

又严令禁止猎杀，我们的老人和孩子再不会有肉吃了。到那时候，你这位未来的第一勇士，将会看到族人一个接一个地饿死！"

提可多从火中夹起刚刚烧好的燧石枪头，放在水坑里激了一下，又用一把石锤轻轻敲击，把枪头安在桦木杆上。他看到蒙可神情落寞地站在那里，在心里已经把蒙可的名字从自己的阵营中划掉了：又是一个对雷吉特忠心不贰的糊涂虫，跟他那狂妄的老子一样！

"提可多，油脂准备好了没有？"德阿蓬的声音传了过来。因为提可多前几天犯下的错误，德阿蓬已经取代了他部落二把手的地位。这次打猎分成三组，以往的第一勇士却再也不能成为其中任何一组的组长了，这份羞辱让提可多夜里睡觉都能咬碎牙齿！但他还是应了一声，提起装满油脂的皮袋走了出去。他顺路去叮嘱了一下寒达篷和辛布力，告诉他们这次的狩猎十分危险，让他们一定要紧跟在自己身后。

雷吉特正在检查大家的装备情况，他对每个猎手都叮咛了一番，又顺便问候了赫达林，关心了一下阿姆和婴儿的健康情况。没说上几句，大家就看到蒙可怒气冲冲地走过来，手中紧紧握着投枪，脸涨得通红——他刚刚听说，他的父亲将要代替他参加这次狩猎，这让他找残暴狮复仇的想法落空了。

"蒙可！"雷吉特拍着一脸怒气的蒙可的肩头说："我们的勇士，这次不让你去，不是因为你的伤，哦，我绝对相信你已经恢复如初！而是有更重要的任务交给你，你得负责保卫山洞里所有的老人、妇女和孩子。如果有人做出危害族人的事情，不管他是谁，你都要坚决地投出你的枪！"

雷吉特说这话的时候，眼神往山顶瞟去，他的语气很坚定，但却掩饰不住眼神中的忧郁。提可多暗暗地"哼"了一声，拳头攥得紧紧的。

就在猎手们整装待发时，乌格来到了山顶。她不知道怎么去和这个倔强的女孩说，更不知道如何完成雷吉特的嘱托——虽然首领的语气很严厉，可她从这位

父亲的眼里看到了他对女儿的慈爱。首领不可能允许任何人做出危害部落的事情，更不会在这件事上偏袒自己的女儿。阿依达，你的身体里融有猛犸的野性和温情，难道你一定要为了野兽而疏远亲人吗？

走到半山腰的时候，乌格的脚剧烈地疼痛起来。自从把阿依达送回部落那天起，她的双脚就肿胀了起来，现在连爬这样一座不算高的山也变得艰难。她拄着拐杖，倚在一棵松树上歇脚，看到了山坡下的山洞口。部落的猎手们已经出发了，这些无畏的勇士们，将去挑战顶级掠食动物——残暴狮。乌格望了望天空，蓝蓝的天，耀眼的阳光，却飘浮着一片阴沉沉的云朵。"伟大的苍鹰之神，请你赐福给他们，保佑他们平安回来！"乌格默默祈祷着。"乌云是挡不住太阳的，今天是绝对不会下雨的！"她这样想着，看到那片乌云靠近了太阳，光线暗了下来。

第二节

"星辰！放开加尔琪！"阿依达笑骂着，"你看命运多老实，从来不欺负加尔琪！"

两只虎崽和加尔琪最初一样——对火堆有一种莫名的恐惧，但它们很快就感受到了那种温暖，可以让它们有一种从未体验过的安全感。其中的一只总是喜欢依偎着阿依达，眼皮像是永远睁不开，随时随地都能合上眼睛睡一觉似的。它一直这样懒懒的，如果总这样懒下去，以后连捕食都困难了！阿依达叫它"命运"，是希望命运之神能够眷顾这只懒惰的、还有点儿傻乎乎的剑齿虎。

这两只雄性幼虎中的另一只却活跃得多，当命运还在懒懒地找暖和地方睡觉的时候，它已经上蹿下跳地玩个不停了。白天一整天不知疲倦地和加尔琪打闹着，晚上也像天上的星星一样活跃，经常用舌头舔着阿依达的脚趾，使她痒得从睡梦中跳起来。"星辰——叫你'星辰'，因为你像星星一样闪个不停。命运要是像

你就好了，你看它，从来没有睡醒的时候。"

　　相比剑齿虎幼崽来说，加尔琪简直就是个小可怜虫。当阿依达把两只幼虎抱回石屋时，加尔琪被那种危险的味道吓坏了，它紧紧咬着阿依达的衣角，死活不肯松开。无论阿依达怎么哄怎么劝，它也不敢离开她半步。为此，阿依达甚至怀疑过，它们能不能和平共处。但是，当饥饿的狼崽和更加饥饿的虎崽闻到肉汤的香味时，情况发生了转变。星辰大口大口地喝着肉汤，满嘴都是汤水，连鼻孔都糊满了，害得它连打了几个喷嚏。命运显然蔫巴多了，但它也会眯着眼睛伸出舌头去品尝美味。看到它们这般享受，加尔琪更加饥饿了，它小心翼翼地想接近食物，可是又不断地退缩着。那副可怜样勾起了阿依达心中的怜爱，她轻轻抱起小东西，把它送到命运旁边。加尔琪喝了第一口汤以后，就不再有别的想法了，马上喝得呼呼有声，像极了刚才狼吞虎咽的星辰。肉汤里剑齿虎和狼的气味混在了一起，这使得加尔琪基于本能的恐惧在逐渐减弱。它喝汤的声音太大，以至于慵懒的命运也睁开了眼睛，不满地看了它一眼，但是加尔琪已经没有反应了。

　　人、狼、虎的气味在这间石室里不断混杂着，也不断融合着。第三天，加尔琪就已经和两只幼虎难舍难分了。它的防备和忍让变成了主动的嬉闹打逗，尤其是和星辰，经常互相咬着尾巴滚成一团，这种争斗通常以加尔琪的逃跑以及星辰追上去把它扑倒结束。阿依达曾经担心星辰会伤害到加尔琪，但有一次星辰把加尔琪从外面叼进来，加尔琪安然无恙，这让她打消了顾虑。相比于星辰，命运对加尔琪表现得比较冷漠，但是它也不介意加尔琪和它一起抢食物，或者躺在它身边。三只幼崽有个共同的爱好，就是喜欢舔阿依达的手心，似乎在感受着母亲的味道。虽然经常被它们舔得痒痒的，但阿依达总是乐此不疲。这是她离开埃塔和娜拉以后，过得最无忧无虑的时光了。只是她偶尔也会有些愧疚：雷吉特一定非常不高兴，加尔琪的事他已经很生气了，这次再加上两只小虎崽……阿依达相信这三只小动物对自己的感情，她甚至相信当它们长大以后，也会这样依恋自己的。但是她同时也意识到：

这种想法其他人不会接受——哪怕是最疼爱她的乌格都不会接受。人类已经习惯了把自己和野兽放在对立面了，提可多是这样的，那个蒙可也是这样的。如果知道我又收养了剑齿虎，蒙可一定会气鼓鼓的，而提可多呢？他一定会更加为难雷吉特，到时候该怎么办呢？

阿依达的忧伤犹如夏天的雨，来得快去得也快。阿依达的眉头没有锁多久，加尔琪已经扎进她的怀里，紧随在后面的星辰也没收住冲过来，它们把阿依达撞倒在兽皮上，撞醒了刚刚伏下来打盹的命运。命运不满地翻了翻眼睛，挪了挪地方又睡去了，全然不理睬兽皮上笑声朗朗的阿依达。

乌格在屋外看到了这一切，她百感交集，不知道该不该进去。还是阿依达发现了她，女孩兴奋地冲了出来，拉住了女巫的手，把她拉到兽皮上坐下，一边给她按摩着膝盖，一边呼喊着："加尔琪、星晨、命运，你们三个出去玩，我要和乌格说话！"

加尔琪已经能够听懂，它首先晃着尾巴出去了；星辰犹豫了一下，也跟着出去了；只有命运像没听见一样，仍然在闭着眼睛睡觉。"乌格，你看，这个就是命运，最让我担心的就是它了。我想，它是不是被短面熊吓坏了脑子……"

乌格的手碰到一个东西，抓起来一看，原来是用柳树枝编的食盘，只是比平常的要大很多。阿依达不好意思地接了过来："乌格，我想编得大一点儿，结果编得这么难看。我喜欢看它们在一起抢肉汤的样子。过几天我采些桦树皮……柘木皮也行，铺在里面，这样肉汤就不会漏了。"

"阿依达……"乌格终于开口了。她感受着女孩的真诚和爱意，实在不知道该怎么开口训诫她，但她必须得完成首领的嘱托。"阿依达，你听我说，也许是神灵赐予了你特殊的力量，让你能和动物们沟通交往——以前的猛犸，现在的狼和剑齿虎，就连你自己也无法左右。"

"乌格，你真好！"阿依达伸开手臂，搂了搂乌格的脖子，这一回乌格没有

像以往那样推开她。女孩更加兴奋了："我告诉你，我一开始想收养它们时也很害怕，既害怕短面熊出现，又害怕雌剑齿虎回来，还害怕那两只小虎会咬我……可是我一看到它们围着死去的雄虎鸣咽不停，我的心就再也不受自己控制了，就这么把它们领回来了。乌格，我是不是做错了？不知道雷吉特会怎么处理这些事？"

"你能想到雷吉特，说明你长大了。"乌格还是轻轻地推开了她。阿依达确实让雷吉特为难了，她的行为给族人带来了恐慌，首领必须要为整个部落负责。就算自己能理解女孩的行为，可是现在的女巫已经不是过去的女巫了，人们已经习惯了没有萨满的生活。"如果大家都要求你放弃这些动物，雷吉特必然会下命令给你！"

"不，我不能让任何人伤害它们！"阿依达把命运的嘴掰开，手指划过它的牙床，"你看看它们，连牙都没长出来，不会给任何人带来危险。如果我放弃了它们，它们无法自己捕食，肯定会成为鬣狗和恐狼的食物！"

"阿依达，你说的这些我都知道！我更相信你现在能掌控它们。可是，你想过没有，等你养的动物们长大了，引来了狼群或者剑齿虎，那时你还能控制它们吗？"

阿依达的眉头紧紧拧在一起，这个问题她无法回答，甚至都不敢想。

乌格叹了口气："阿依达，雷吉特是爱你的，这一点毫无疑问。他还和赫达林说，等阿姆身体养好了，让她为你裁一件合身的袍子。可是当他听说你收养了剑齿虎幼崽时，他确实控制不住自己的情绪了，我很少看到他用这么大的力气来控制自己。他下了令——我今天来就是通知你——不再为你提供食物，除非你放弃这几只幼崽。当然，你会说，你能打猎，你能钻木取火，你能养活自己和它们。但是第二道命令就是：如果你固执下去，那么雷吉特将派猎手上山，捕杀它们！"

阿依达的泪水从脸上滑落，她心乱如麻。乌格站了起来，用拐杖轻轻敲了敲

女孩的肩："你还有时间考虑。可是雷吉特说出这些话时，嘴角颤抖，他的心比你更痛！你要考虑他的难处，10 年前迈阿腾指定雷吉特接管部落时，提可多已经表现出不满。昨天，一些要去狩猎的猎手们都拿着武器来找我，让我在上面施展咒语，保佑他们无往不胜。但是提可多没有这么做，他已经不再信奉神灵了，这种人是可怕的。我从他的眼神中看到了冷酷，我甚至有一种不祥的预感——阿依达，我现在的话你要一个字一个字地记在心里：不管遇到什么事，都要冷静！"

乌格觉得应该离开了，可还没等她挪动脚步，在外面玩闹的两只动物就窜了进来。这一回是星辰首先逃进来的，加尔琪紧随其后，它们都显得慌里慌张的。

"谁在外面？"阿依达站起身来，飞石索已经紧握在手。

一个高大的身影出现在石屋门口，蒙可背着投矛，双眼通红，脸上写满了悲伤和愤慨。

第 三 节

赫达林很少参与狩猎，但这次要面对的动物太过凶险，所以他坚决要代替儿子出战。雷吉特让他和德阿蓬各带一组猎手，分头行事。提可多一脸古怪的表情，显然对这种安排十分不满。雷吉特意识到了，便命令提可多紧随在自己身后，想找机会再和他聊聊，这个部落里的勇士毕竟立过不少功劳，惩罚他也是迫不得已。但雷吉特心里还是希望提可多能够再成熟一些，起码能克制住自己的情绪，不要再当众顶撞自己，更不要讽刺女巫及迈阿腾。他觉得一个男人只有学会克制，才能有所担当。

提可多不愧是捕猎高手，他把拟狮的行踪掌握得一清二楚。那两头拟狮栖息在一个洞穴中，昨天它们捕食了一头驯鹿，饱餐一顿之后，它们将会懒洋洋地歇上三天，所以这段时间它们的攻击欲望最低。

三组猎手分头埋伏在稍远处的草丛里。雷吉特看到一头狮子先进了洞穴，另一头在草地上晒了会儿太阳，终于也懒洋洋地回去了。雷吉特摆了摆手，三组开始行动。德阿蓬领人弯着腰往草丛里倾倒油脂，他们把油脂洒成了一个圆圈，拟狮的洞穴正好被括在圆圈内。赫达林这一组的猎手则拿出了石镰，他们把圆圈以外的草除掉，隔离成了一个圆形的开阔地（这是为了防止火势蔓延）。雷吉特的眼睛紧盯着洞穴，一旦拟狮有所动作，他将发信号让大家防备。"保护自己不受伤是最重要的，哪怕狮子逃了，我们以后还有机会！"这是临行前他叮嘱大家的话。大家都没有猎杀残暴狮的经验，雷吉特生怕四处放火，狮子情急拼命，不顾一切跳出火圈，到那时候，大家难免会有伤亡。所以他经过慎重考虑，决定给火圈留下一个缺口，让残暴狮有"路"可逃——通往陷阱之路。

提可多与寒达篷拿着掘土棒，很快就挖出一个坑来。提可多黑着脸，堂堂勇士——曾经猎杀过短面熊的勇士，现在只能做挖坑的事情，颜面扫地。陷阱越挖越大，足可以陷进去整头狮子了。提可多的动作也越来越重，似乎每一棒掘下去，都带着怒气和仇恨。突然，雷吉特做了个停的手势："残暴狮出来了！"

雷吉特原打算先给陷阱做好伪装，然后再发进攻命令。可是拟狮十分机警，虽然大家轻手轻脚，却仍然惊动了它们。两头拟狮警惕地观望着四周，走了过来，它们走得很慢，在草丛里一点儿声音也没有，这是猫科动物的潜行本能。但是有经验的猎手都知道，危险正在一步步靠近，一旦让狮子们发现，转瞬间它们就能一跃而起，迸发出能够撕碎对手的强大力量。

不能再等了，雷吉特看到提可多和寒达篷爬了上来，便做出了手势。赫达林和德阿蓬那两组猎手分散在圆圈周围，早把牛角里的火炭准备好了，他们一看到雷吉特的手势，立刻吹燃了火把，开始四处点火，一个硕大的火圈瞬间燃了起来。连续几天的艳阳高照，晒得这片草地非常干燥，星星之火立刻成了燎原之势，把两头拟狮困在当中。两头狮子怒吼着，试图冲出包围圈，但是它们无法逾越四周灼热的火焰。

每个猎手都准备了好几根火把，此时都纷纷点燃，扔进了火圈当中。这下火头更多了，两头拟狮简直无处可逃，它们迅猛的扑击和致命的咬合力，在火场里全部派不上用场，只能东躲西藏。但它们发现着火点越来越多，火势越来越大，火圈越烧越近，能够落脚的地方越来越小，它们只能愤怒地嘶吼着，在火圈里到处乱窜，企图找到能跳跃出去的突破口。

"投枪！"雷吉特一声令下，十几支投枪被扔进了火圈，一头拟狮无处可逃，竟然一转身跑进了洞穴中。另一头终于找到了突破口——唯一一个没有着火的地方，就是雷吉特站立的位置。它不顾一切地冲过来，由于没有掩盖陷阱口，雷吉特十分担心拟狮一跃而过，那样的话不但后患无穷，而且还极可能有人因此丧命。提可多却已经看到了一个好机会，他把投枪紧紧抓在手里，如果残暴狮跃过陷阱，那么他这一枪下去，半空中的残暴狮将无处可避——到那时候，他又将创造历史，猎杀到比剑齿虎还要凶猛的残暴狮——也绝对能让他的威望超越平庸的雷吉特！

残暴狮张着血盆大口冲了过来，它的爆发力是猎手们从没有见过的。雷吉特发觉他们低估了残暴狮的力量，从它后腿的发达程度来看，如果它情急之下凌空一跃，不仅会跃过这个陷阱，而且极可能落在提可多的背后甚至头顶，那样的话，后果不堪设想……说时迟，那时快，雷吉特一个箭步冲过去，用肩膀把提可多撞开，双腿微蹲，让自己的身子低下来，紧紧握住手中的投枪，枪尖向上倾斜，如果预测得准确，残暴狮将会跃到他的枪尖上。

提可多冷不防被撞倒在地，愤怒的他一跃而起，眼中充满了不可遏制的怒火，仇恨使他的面目扭曲，极像一头丧失理智的野兽：雷吉特就是怕自己的功劳盖过他，这个卑鄙的小人！

残暴狮果然发现了眼前的陷阱，它高高跃起，在空中划出一道弧线，轻而易举地跃过了陷阱。看到那张血盆大口从天而降，辛布力的腿已经发软了，手中的投枪竟然落在了地上。寒达篷倒还能勉强举起投枪，但只有他自己知道，有一股

湿热的液体正顺着他的双腿流下来。

"啊呜——"残暴狮发出了痛苦的嘶吼。

雷吉特十分冷静，他在狮子从天而降的一瞬间果断出枪，用尽了全身的力气，枪尖正扎在狮子的肚皮上，双臂的力量、狮子的力量交会在枪尖上，立刻便刺穿了狮子的身体。拟狮的下扑姿势松懈了，改为下坠之势，它的身体直接落向陷阱。惯性使得雷吉特收不住脚，也跟着向坑边滑去。眼看着自己要和狮子一起栽进坑里，雷吉特刚想喊提可多来帮忙，却突然觉得胸口一阵巨痛，他松开了手中的投枪，捂住了胸口……拟狮掉进了陷阱，轰的一声，扬起了一股尘土。雷吉特随即也掉了下去，他感觉自己摔在了柔软的狮身上，他感觉阳光晃了一下他的眼睛，耳边仿佛传来了欢呼声——猎手们往洞里扔火把，烧死了另一头狮子！

第四节

雷吉特平静地躺在墓穴[①]里。他的神色很安详，让人感觉他睡得很沉稳——就像每次狩猎归来，族人在欢呼雀跃的时候，他却总是要欣慰地睡一会儿。他的欣慰不在于收获猎物的多少，而在于他的猎手们个个平安！他太爱他们了，以至于很多女人私下说，雷吉特不太像一个威严的首领。首领们向来端着架子，尤其是在女人面前从不苟言笑，就像以前的迈阿腾，虽然他对大家也比较宽厚，但很少去关心女人们。但雷吉特不同，他会关心阿姆是否能平安生产，会提醒萨拉不要触怒提可多。

雷吉特公正公平，猎来的食物不管有多少，他总是先把老人、妇女和孩子的那一份分配好，他和其他猎手们再分享其余部分。他和大家一起战斗，也和大家一起挨饿。他会想到很多：部落的居住空间，眼前不断上涨的洪水，迈阿腾描述的可以反复生长的"水晶草"……但他很少想自己。有人质疑过雷吉特的想法

——比如栽种遥不可及的"水晶草"，但没有人质疑过他的宽容和公正。

"他是个伟大的首领！"提可多泪流满面，他让女人们连夜赶制出了拟狮皮衣。他打破了族规，没让女巫给逝者更衣，而是亲手给首领穿上衣服。

"他也是个伟大的勇士！"提可多把两头狮子的头颅割下来，放在了雷吉特的墓穴里。

"仁慈的苍鹰守护神，正是你的呼唤，让我们的雷吉特远离了大地！"萨满乌格重新挥舞起了骨杖——这是拟狮的腿骨，上面还没有装饰，但是乌格已经找到了与神灵相通的方式。她有节拍地舞蹈，以一种与她的年龄不相称的节奏旋转着。她的脸上已经迸开了新的伤口，鲜血顺着她的脸颊流下来。"苍鹰守护神啊，请你指引我们的首领以正确的方向，让他的灵魂顺利地到达你的身边！"乌格的声音中充满着沉郁，闻者无不动容。聚集在洞室内外的族人们个个面容悲戚，他们在久违的萨满祭祀中，重新感受到了神明的伟力。

巴汗伸出独臂，把一些赭石粉末撒在墓穴的四周。这种代表生命的红色泥土，意味着给逝者注入了新鲜的血液——他并没有死，他只是在长眠！巴汗边走边流泪，不知道有多少眼泪滴进了泥土中。其他人逐一过来与首领告别，他们中有很多人是第一次进到这间洞室，洞室很宽敞，最里面的石壁上挂着一张巨大的兽皮，上面画着一只振翅高飞的雄鹰——这就是部落的图腾和守护神。

"以首领的尊贵，他必须埋在这里，这样才能尽早地到达神的身边。"提可多做出了这个决定，得到了大家的认可。提可多已经是部落的新首领了，据他说，雷吉特在和狮子搏斗时身受重伤，死去之前只交代了一件事——提可多可以领导大家！在场的辛布力和寒达篷都可以做证。当然，很多人都接受了这个事实，毕竟提可多是公认的勇士，也是为部落立过大功的人。

男人们把雷吉特用过的投枪、石斧、石刀、石镰……轻轻地放进了墓穴里，希望首领在另一个世界里仍然勇猛无敌。女人们忍不住边走边哭，她们把一些野

麦子和豆荚放进去，希望首领真的能找到永生的谷物。参与狩猎的猎手们在山洞中生起了火，他们将要重现狩猎的辉煌场景，赞颂雷吉特的勇猛顽强。按照族规，新任首领提可多本来应该在脸上涂满白泥，扮演雷吉特的角色，但他却总是不停地流泪，无法镇静下来，只得改由寒达篷去和虚拟的狮子搏杀并且"同归于尽"。

随着"雷吉特"的仆倒，山洞里已经是哀声一片。提可多更是掩面痛哭，这位勇士向来凶悍，他还是第一次当众哭泣。山洞中唯一没有流泪的就是阿依达，她一直静静地凝视着父亲的脸，似乎在等父亲醒过来。她不相信父亲就这样离去了！长久的分离，短暂的重逢，她才和他说了几句话啊！她听到了洞室外那些男人在疯狂地舞蹈，觉得有点吵，生怕他们吵醒了父亲，但父亲却睡得那么沉。蒙可在旁边，他担心这个可怜的女孩受不了这样的打击。这个年轻的勇士已经哭干了泪水，他甚至自责自己的无能，如果他能像首领这样勇敢，和残暴狮同归于尽，就不会让首领为此丧命。但现在，说什么都晚了。

乌格终于停止了舞蹈，瘫倒在地，不省人事。提可多一挥手，两个男人上来就要掩埋尸体。当第一抔土落到雷吉特脸上时，阿依达突然发疯一般冲过去，她要亲吻父亲的脸，她要搂一搂父亲的脖子，她要抚摸父亲的手——她只和父亲拉过一次手，这远远不够，远远不够！

提可多担心她的情绪，特别是担心她会扯坏雷吉特的衣服——"扯坏衣服，这可是对死者的不敬！"寒达篷先冲了过来，他拖拽着阿依达，可阿依达力气很大，寒达篷没有拉动，还被她在手背上狠狠地咬了一口。辛布力随即也冲了上来，两个大男人要合伙制伏女孩。蒙可发怒了，他用力推开两个人，然后轻轻抓住了阿依达的手，让她冷静下来。阿依达慢慢地松开了父亲的手，很多人以为此时阿依达一定会痛哭流涕了，可她还是没有哭，转身出了洞室，又走出了山洞，朝山顶走去。

"可怜的孩子，她得难过疯了！"几个女人说。

"不一定，也许她和野兽待久了，没有人的感情了！"寒达篷捂着还在流血的手，忍不住挖苦着，"只有狼才会咬人！"

"砰"的一声，寒达篷被人踢倒，半边脸颊被地上的沙石擦破了皮。他跳起来大骂："蒙可，你要看清楚，站在你面前的是部落里的勇士，是提可多的第一助手，你的无礼将要付出代价！"

蒙可握紧了拳头，还想朝着寒达篷丑恶的嘴脸砸过去。提可多厉声喝止了他："住手！蒙可！寒达篷在这次猎狮中表现英勇，他已经是我的助手，你要尊重他。哦，辛布力表现得也很出众，他是我的第二助手。"

蒙可放下了拳头，他不能违背首领的命令。他轻蔑地看了寒达篷一眼，想朝山上追去，可是被自己的父亲扯住了。赫达林用嘴角示意他，已经有人向他投过来异样的目光。

阿依达静坐在石室中，她没有生火，也没有给三只幼崽做晚餐。命运还是懒懒地趴着，加尔琪和星辰依旧跳过来拱她，但它们很快感受到女孩与平时不一样，她仿佛没了活力，变成了月光下一座冷冰冰的石头。

"雷吉特……雷吉特……"阿依达在心中轻轻地念着父亲的名字，"我不再固执，我把加尔琪放走，把命运和星辰都放走，我听你的话，你回来陪我，好吗？"

月亮爬得更高了，一缕月光照在石屋前，阿依达伸出手去，在月光下，手心里赫然放着一枚黑色的燧石枪头。

❶ 迄今发现最早的人类墓葬是在13万年前的位于当今以色列的一个洞穴中。在人类的骸骨周围发现了陪葬品，其中包括一块野猪的下颌骨。为让死者"入土为安"，将死者生前所用物品随之下葬，是人类自古就有的殡葬习俗，借此表达对死者的尊重。有证据表明，尼安德特人是最早的有意识埋葬死者的原始人。他们用磨制的石头或骨头工具挖掘浅浅的墓穴，将死去的同伴埋在里面。在伊拉克、以色列及克罗

地亚等地都发现了尼安德特人的墓穴，在伊拉克距今5万年的沙尼达尔洞穴墓葬中还发现了花瓣的遗迹，表明尼安德特人在埋葬死者时用抛撒花瓣的方式寄托哀思，表达了他们希望死者在"另一个世界"里生活幸福的美好祝愿。

大约在距今1万年前后，人类社会进入新石器时代，此时安葬自己死去的亲人的做法已非常普遍。距今约8 000～7 000年的新石器时代早期，已经有了公共墓地。距今约7 000～5 000年的新石器时代中期，墓地制度已经完备，墓葬有成人土坑墓和儿童瓮棺葬两种。距今约5 000～4 000年的新石器时代晚期，不同墓葬之间已有了明显的等级之分。

在原始人类有了图腾信仰以后，开始认为存在有鬼神。在原始人的意识中，自然死亡代表了安息，代表了长眠，他们会把死者安葬在其平时生活的山洞附近，地位高的还会埋葬在山洞里面，会在死者的墓穴里撒满红土，给死者注入新鲜的"血液"，让他们得以"永生"。

第六章 步步紧逼

第一节

苍鹰部落的人类已具有比较发达的大脑①，他们善于利用自然界中的各种事物。一块马鹿髋骨可以被他们打磨成一盏精致的油灯②，灯盏里装满动物油脂，一根被油脂浸透的芦苇充当了灯芯，微弱的火光在洞室里跳动着。

寒达篷对这间洞室表现出了浓厚的兴趣，每一寸石壁他都摸了个遍，有的地方还要凑过鼻子去嗅一嗅。

"拿开你的脏手！"提可多对寒达篷碰触苍鹰守护神的行为十分不满。他早把这间洞室当成了自己的私人领地，甚至剥夺了女巫进入洞室的资格，就算是他最信任的寒达篷和辛布力，也只能在他召唤后才可以进来。

灯光下，提可多一双疲惫肿胀的眼睛中充满了血丝。提可多、寒达篷、辛布力就这样静静地坐着，三个人谁也不说话。洞室里的空气压抑极了，连灯焰似乎都受到了感染，火光愈发有气无力，好像随时都要熄灭。不知过了多久，辛布力开了腔："提可多……你昨晚又说梦话了！连……连我都听到了！"

提可多的眼神中漫过一丝莫名的惊恐。他当然知道，自从雷吉特死后，他每天晚上都会从噩梦中惊醒，有时候双手乱舞，有时候跳起来就要去摸枪。"雷吉特……请你原谅我！""雷吉特，是你逼我的！"萨拉几乎天天被他在梦中踢醒

打醒，她把这些梦话的内容转述给他，这更让提可多陷入万分恐惧之中。

"提可多，"辛布力观察着他的脸色，小心翼翼地说，"这样不行啊，已经有人在议论了，如果被大家知道了真相，那你可就……"

"不是'我'，是'我们'！"提可多突然暴跳如雷，扑上来把辛布力一巴掌打倒，又上去补了一脚，紧张得呼呼直喘，像一只受了重伤的鬣狗："我……我告诉你们，那天的事我们三个都有份儿，谁也跑不掉！是'我们'……'我们'……知道吗？"

辛布力吓得脸色苍白，寒达篷在旁边也跟着哆嗦了一下。提可多回身又给了寒达篷一脚："胆小鬼，你们还像个勇士吗？"

辛布力缓过神来，重新堆上了笑脸："提可多，既然……那我们就得想办法，毕竟……现在大家都无条件听从你的。"

提可多颓然坐下："活人听我的，死人怎么办？我只要一合眼，就看到他临死时的眼神，太可怕了！神啊，你告诉我，他到底死了没有？"

寒达篷插嘴了："乌格以前说过，墓穴里的红土就是新鲜的血液，可以让死人重生！"提可多脸上的肉一跳，低声骂道："那个老巫婆只会造谣，这些年死了这么多人，你们看哪个重生了？"顿了顿，他又悻悻地问，"难道在守护神的佑护下，红土真的有了灵验？"

寒达篷不由得打了个寒战，辛布力更是胆小，他环顾了一圈，眼神瞟过苍鹰图腾时，连忙低下了头。提可多站了起来，踱了几步："不管是真是假，我们都要想办法面对。辛布力说得对，现在是我提可多说了算，是我们三个说了算，我们总有办法对付！你们两个过来……"

三颗脑袋凑在了一起，提可多把嘴巴凑到他们的耳朵边："从今天开始，咱们在雷吉特的墓穴旁边再挖一个深坑——越深越好，到时候把雷吉特的尸体搬进去，让他没有新鲜血液，我就不信他还能起死回生！"

95

这可是冒犯神灵的事，辛布力不禁瞠目结舌。寒达篷却马上表态："我服从！到时候我会第一个挖开墓穴！"

"小点儿声！"提可多眼神中闪着赞许，"寒达篷，我希望看到你的勇敢。对了，我让你跟踪长毛象，有什么新发现吗？"

"哦，我发现了那群猛犸，"寒达篷挺起了腰杆，"它们一直在河对岸的密林深处。前阵子雨水大，那边的森林也进了水，很多地方已经形成了小沼泽，这是猛犸最害怕的，我估摸着它们要走出来了。但是，我们谁也不知道它们出来的确切时间……"

"嗯，你做得很好！看来，神明在护佑我们。"提可多来了精神，只要猛犸走出森林，是不可能再渡过山下那条暴涨的河了，它们只能走北方的路，那就必然要经过野狼岭——那里山路狭窄，又紧挨着悬崖，除了善于攀援的恐狼，恐怕没什么动物愿意在那里停留。完全可以利用这些地形——只要手中有火把，这些长毛怪兽可就成了人类的美餐喽！

尽管兴奋无比，但提可多还是很冷静地压低了声音，笑得像一只夜枭。辛布力有些担心地问："那个阿依达怎么办？她是不会同意我们猎杀猛犸的。"

提可多更得意了："我自有办法，让她和猛犸一起消失……"猛然间，他暴喝一声，"谁在外面？"

寒达篷一个箭步冲出洞室，从外面拽进来一个人。巴汗被扯得踉踉跄跄，手中端着的杨树根抠成的木碗里，有热汤溅了出来，烫了他的手。巴汗那三根灵巧的手指再也端不住木碗，"啪"的一声，碗里的肉汤倒在了地上。

提可多可不管巴汗手上的燎泡，一把揪住巴汗，眼睛瞪得像头垂死挣扎的野牛："我下了命令，任何人不能靠近这间石洞，你竟敢违抗我的命令！你都听到了什么？"

巴汗急忙解释："是萨拉……她给你做好了肉汤，让我来送给你。我刚走到这里，我小心地端着碗，生怕洒了……我什么也没听到！"

寒达篷已经提起了枪，就等着提可多的指令。突然间洞室外有人在喊："巴汗，

巴汗……"

是蒙可的声音！提可多松开了手，难得地换了一个轻松的表情："巴汗，辛苦你了。你知道，我当了首领以后，你和萨拉也会得到更多人的尊敬！我最近对萨拉好了，相信你也会明白的……她可是你的女儿！你知道该怎么做！"

巴汗连连答应，收拾起木碗，匆匆走了。

"他到底听到了没有？"辛布力还有点担心。

"不用管他，听到了他也不敢乱说。他不在乎我，也得在乎萨拉。"提可多充血的眼睛里，露出了一丝凶狠的神色。

★★★

① 远古时，在大海中沉浮的单细胞生物还没有大脑，但是已经有了感知和适应外界环境变化的能力。大约在两亿年前，哺乳动物开始有了一个小小的大脑皮层。科学家认为，250万年前，离开森林的古人类学会了直立行走后，大脑容量开始快速增大。大约200万年前，人类开始学会使用工具捕猎动物，这是大脑进化的重要里程碑。因为肉类是重要的营养来源，日益丰富的食物供给加速了大脑的进化。

② 新石器时代的人类会合理地利用动物身上的资源：肉可以食用，皮毛可以御寒、遮挡风雨，油脂可以引火。就连骨骼都能被有效利用，如尾部掏空的肋骨可以做成小勺，平直的髋骨可以用来做成盘子，弯曲的髋骨可以用来做成灯盏，粗壮的腿骨（如猛犸的）可以用来做成敲打石器的砧石，等等。

第二节

离开父亲的墓穴后，坚强的阿依达不吃不喝坐了整整一夜。不过，第二天她就准备去打猎了，因为她不能这么消沉下去，也不忍心看着那几只幼崽饿得呜咽。但是她在门口发现了一大块熟肉，这让她感激不已。是乌格吗？不，可怜的乌格

已经走不了夜路了，更不可能在夜晚爬山。那会是谁？她想有可能是巴汗，但她也想到了蒙可。如果是巴汗，那她将如何感激这位老人呢？因为他可是冒着被提可多发现的危险上山来的！

阿依达算着时日，估计今天晚上又该来人了。她坐在石屋门口，看着三只小动物吃饱了肚子，互相挤在一起睡着了。它们已经适应了火焰的温暖，有时，星辰甚至还会叼着干柴，示意她赶紧生火。这就像她以前适应了和猛犸一起迁徙，现在又要适应父亲的远离一样。

她没有和幼崽们一起睡觉，她要守一会儿。当她听到林间传来的声音后，就悄悄地伏在一棵树的后面。果然，借着月光，她看到一位独臂的老人，正把一包东西放在地上。女孩跳了出去，吓了巴汗一大跳。她搂了搂巴汗的脖子，没说话，几串泪珠却情不自禁地流淌下来。

巴汗感觉到了阿依达内心的伤痛，谁说她不会哭？她只是不愿意在人前流泪罢了。他不知道该怎么安慰孩子，这位能言善辩的老人，此时却显得局促和木讷。还是阿依达打破了沉默，她松开了手，擦了一把眼泪："谢谢你……巴汗，也只有你……还记得我。乌格好吗？"

巴汗点了点头，声音有些沙哑："挺好的，我看得出来，她惦记着你，但她不能对人说，因为你养的这几只……让大家不能接受你。阿依达，惦记你的可不止我们两个，刚才蒙可找到了我，给了我这个袋子，他对你很关心。这里面除了肉干，还有一件衣服—— 是他穿小的衣服，你的衣服已经烂了，赶紧换掉吧。"

看到老人从皮袋里掏出一件柔软的鹿皮衣服，霎时间，阿依达的心头充满了温暖。不是所有人都那么冷漠，虽然蒙可凶巴巴的，但他毕竟还惦记着自己。

看到阿依达笑了，巴汗的心又痛起来。眼下阿依达的处境很危险，但他能告诉阿依达吗？不能！提可多话里话外的意思，分明是在拿萨拉威胁自己。可

怜的萨拉，可怜的阿依达！巴汗的内心像吞了无数枚骨针，心底的痛楚远胜于手上那些燎泡。

他几次想张嘴，但还是把话咽回去了。正想转身下山，阿依达却把他叫到了石屋中。她先往火堆里添了两根干柴，又从"百宝囊"中翻出两个小包，递给巴汗："这是樱桃树皮，记得给乌格，让她熬汤喝，这是治她的风湿的。这一包是柘树皮，让蒙可喝下去，可以活血。"

在火光的照射下，阿依达发现了巴汗手上的燎泡："怎么烫得这么重？"女孩飞快地翻出一些粉末来，撒在巴汗的手上，又找了块动物皮子，轻轻地给他包上。"这是金花草，我用火煨干的，是不是不那么疼了？"女孩的口气中带着埋怨，"你年纪大了，端热东西的时候要小心一点。明天我去采些车桑子，我前些时候发现了一些，用它的叶子治烫伤更有效果。"

巴汗觉得手上的疼痛缓解了很多，可他的心却更痛了。他终于忍不住了："阿依达，你还是离开这里吧！我……我不知道怎么和你说才好，不是所有人都感念雷吉特的恩情，也不是所有人都对你友好。猎手们早晚要狩猎的，如果他们去猎杀猛犸，你不会坐视不理的。如果你干预了猎手们的狩猎，对他们来说，那是不可饶恕的！"

"猛犸？"阿依达瞪大了眼睛，"我听雷吉特说过，'不许猎杀猛犸'，这是大家发过誓的啊！他们要违反誓言吗？"

巴汗叹了口气："提可多——你听我的，走得越远越好。虽然外面很危险，但总比这里安全。"

阿依达盯着老人，眼神里闪过了恐惧："巴汗，你是不是听到了什么？你告诉我好吗？我有点儿害怕，乌格让我学会冷静，可我真的不知道该怎么办？"

听到阿依达哀伤的语调，巴汗的眼角滚出了两粒浑浊的泪珠。他不能再说什么了，深情地看了女孩一眼，转身就往外走。

"等一等，巴汗。"阿依达向他伸出手去，"这是什么枪头？为什么是黑色的？"

"燧石枪头！"巴汗有点惊讶，"是谁给你的？赫达林，还是蒙可？"

"不，那天在安葬父亲时，我在他的手心里发现的，他一直紧紧攥着这枚枪头。"

巴汗腿一软，瘫坐在地上。阿依达吓坏了，叫了他几声，又摇晃着他的身体。好半天，巴汗才回过神来，他脸如死灰，勉强支撑着站起来。他用一只独臂推开了女孩扶他的手，扶着石门，踉踉跄跄地走了出去。

巴汗怎么了？生病了吗？这枪头这么尖利，难道是……蒙可的？这是他献给父亲的陪葬品吗？阿依达心里有无数的疑问。

❈ 第三节 ❈

提可多站在高高的岩石上，这让他有了居高临下的感觉。他看着周围聚拢过来的族人，然后把目光盯在人群当中的阿依达身上。

"阿依达！"提可多的声音异常严厉，"所有人都知道我对你的仁慈！如果你放弃那三只野兽，我准许你回到山洞，你将分到一份食物。当然，你要是能带领猎手找到长毛象，我会提升你的地位。等你长大成人，我会为你举行隆重的成人礼①，而且还会给你找一个合适的小伙子。"

人群中有了小小的骚动。成年猎手们早就预感到提可多早晚会推翻"禁止猎杀猛犸"的誓言，但他们绝没有想到会这么快。女人们觉得提可多的要求并不过分，她们希望阿依达服从首领的安排。乌格却感到了一种前所未有的恐惧：如果说让阿依达放弃三只动物，或许还有可能，但让她带头去找猛犸——这明明是不可能做到的事，提可多为什么要提出来？可是她再也不能随便表态了，在提可多当上首领以后，乌格明白自己已经彻底失去了尊贵的萨满地位。

"不！"阿依达的口气很坚定，"我不会放弃三只幼崽，它们对我是那样的

依恋和友善，它们是我的朋友。我更不会去猎杀猛犸，不仅仅因为誓言，还因为那里有我的埃塔！"

人群骚动起来。寒达篷指着阿依达骂起来："你这个野女人，提可多仁慈宽厚，给了你最大的宽容，可你——大家都听到了，她不能放弃野兽，将来就会带着剑齿虎和狼群来攻击我们！她的这些话，不仅是对提可多的不敬，也是对雷吉特的侮辱！"

寒达篷这番话十分犀利，蒙可却觉得不公平—— 一个长期生活在猛犸群中的幼稚女孩，怎么能说得过成年男人？

"阿依达，你听到没有？"提可多加重了语气，"如果你决意和野兽在一起，放弃我们，那么猎手们将杀上山头，用投枪和弓箭除掉那三只野兽！"

阿依达愤怒地看着提可多。她的目光又环视了一圈周围的人：乌格面无表情，巴汗低下了头，蒙可一家人的眼中充满了同情；还有那些她不熟悉的人，目光各异，有人回避，有人漠视，也有人鄙视地看着她。她慢慢地转过身，朝着山顶走去。

提可多嘴角闪过一丝不易察觉的微笑，随即用目光暗示辛布力。辛布力迟疑了一下，站出来高声宣布："由于最近部落里又有女人生了小孩，山洞里更拥挤了，所以提可多决定尊重雷吉特的遗愿：猎手们要搬出山洞！"

搬出山洞？人群炸开了："为什么要我们搬出去？""搬出山洞住哪儿？"……

提可多挥了两下手，示意大家安静。可是大家情绪很激动，他有点儿控制不住了，只得拔高了嗓门："会有你们住的地方！雷吉特早就让我们采石建屋，现在石头都堆在你们眼前，你们要做的就是尽快把石屋建起来。山洞里只允许几位老人留下来。当然，寒达篷和辛布力，我们要经常在一起商量狩猎的事情，他们可以留在洞中。"

寒达篷和辛布力挺起了腰杆，他们的脸上浮着荣光，却让其他猎手万分反感。德阿篷吐了一口唾沫，领着一家人走了，他得选一个地方把石屋建起来。大家纷

纷散了，只有蒙可站在原地，他想上前和提可多说几句，可他不知道该如何说。曾经让他尊敬的提可多，现在却变得陌生，这还是那个战无不胜的勇士吗？难道当上了首领，就会离大家越来越远吗？可是以前的雷吉特并不是这样的呀！蒙可困惑了，想转身离开时，提可多却跳下石头，叫住了他。

现在只有他们两个人了，提可多的声音也柔和起来："蒙可，我一直关心你。我知道搬出山洞会让人不满，可这是雷吉特的愿望。我们的族人以后会越来越多，寒达篷和辛布力都不是狩猎的高手，我更看好你。可是眼下，我们面临着巨大的困难，需要解决。"

提可多看到蒙可的脸色缓和下来，然后指了指山脚下的大河："山洞里已经没有多少食物了。不久以后，老人和孩子将会挨饿，甚至会一个接一个地死去，那将是一件多么可怕的事！我违背誓言要去猎杀猛犸，完全是为了族人，如果上天惩罚，就由我一个人承担吧！"

提可多的眼睛里闪着泪花，似乎真动了感情。蒙可毕竟年轻，他竟然被提可多的逼真表演感动了：部落里的人一向信奉神明，更注重誓言，提可多能做出这样的牺牲，也真是让他十分钦佩。他跨前一步，手抚左胸，表示对首领的臣服："我愿意和你一道去猎杀猛犸！"

提可多赞许地点了点头，又说："阿姆的奶水不够，你的小弟弟——哦，我听说叫博尔圣——经常吃不饱，她们两个人的身体都很弱，可以暂时住在山洞——想住多久都行。"

看着蒙可带着感激离开了，提可多对自己的手腕十分满意。蒙可是位勇士，比寒达篷那个胆小鬼强多了，他有很多地方都能利用得上。

让猎手全都搬出山洞，这个决定做得有点儿仓促，但是提可多不得不这样做。他的心病太重，每天夜里做噩梦，大呼小叫的会让人非议。况且他们三个要在洞室里掘出深坑，这种卑劣的行为是不能为人所知的，只能悄悄地进行。再加上洞

室内地面下石块很多，挖掘那个坑的进度相当缓慢。即便这样，辛布力和寒达篷每天往山洞外运石块和土，已经让人议论纷纷了，秘密一旦泄露出去，他将如何面对？所以他必须把成年猎手们赶到山洞外面——好在他可以把这笔账算在雷吉特头上。为了平息舆论，山洞里留下了几位老人，他们老糊涂了，他们的供养全靠着首领，谅他们也不敢胡说八道。

提可多今天解决了这块心病，心里舒坦多了。他抬头看山上，已经有猎手在平整土地，准备着手搭建石屋，首领的命令这么快就被落实了，一种优越感涌上了他的心头。走近山洞的时候，他看到了步履蹒跚的乌格，就压低了声音，只让乌格一个人听到："女巫，你只要服从我，不会少了你的供养。"

他没有等到乌格的回答，但他不在乎，大踏步迈进了山洞。寒达篷和辛布力等候在洞室的外面，提可多让他们准备好武器，准备去对付山头的幼崽。

寒达篷小心地回答："不必着急吧？"

提可多瞥了他一眼，嘴角挂了一丝冷笑："你们不敢动手吗？"

寒达篷讪讪地笑了。辛布力却有了另一层顾虑："对那个阿依达……也要……"

"不！"提可多阴森森地说，"谁也不要伤害她，只需要赶她走。你们想想，她会去哪儿？她一定会去找猛犸！到那时候，我们最好的机会就来了！"

★★★

① 原始部落的女孩子在举行了成人礼后，就可以婚配，她们通常十五六岁就有了自己的孩子。

在母系氏族社会早期，实行的是群婚制，即为了繁殖下一代，可以一妻多夫。古书上记载，当时的人只知其母，不知其父。到了后期，出现了对偶婚制，即在或长或短的时间内，一男一女组成配偶，夫妻关系相对确定。这种婚配方式是群婚制向一夫一妻的个体婚制转变的过渡形态或中间环节，产生于原始社会蒙昧时期和野蛮时期的交替阶段，盛行于野蛮时代，即原始社会晚期。

❧ 第四节 ❧

阿依达收拾好了行装。现在她只做一件事——砍树。她知道提可多不会放过自己，更不会放过那三只可怜的幼崽，她无处可去——只有去找埃塔！她特别怀念和埃塔相伴的那些日子，无忧无虑，更不会担心有谁来伤害自己。可是山下那条大河，将是她难以逾越的障碍，更何况还有三只时刻需要她照顾的幼崽。

庆幸的是，阿依达的"百宝囊"中还有一把石斧，是用燧石敲击而成的。在迁徙的路上，乌格找到了一些燧石，便教会她如何敲碎石头，再从碎石中选一片最锋利的，又轻轻敲击出一个弯度，这样便可以握在手里。但是使用这种手斧不能过分发力，阿依达只能找到树木根部的平滑部位，由上至下斜着砍出凹陷，快砍到树木中心的时候，她又换到另一侧继续砍削。她一点儿一点儿，小心翼翼的，生怕一不小心，这唯一称手的工具就会破碎。等到树身有些摇晃的时候，她赶紧收起手斧，观察着树身的倾斜方向，然后猛然一脚，树木发出"咔啦啦"的声音，轰然倒地。

阿依达选择的树木并不粗壮，但她苦于不敢发力，所以砍伐的进度非常缓慢。到第四天早上的时候，她才砍倒了八根。她想，做成一只木筏子，至少需要十二根吧。但她面临更大的难题：怎么把木筏子运下山去？事实上，她本应该在山下——离河边最近的地方砍树的，然后可以搬到河边造筏子，完工后直接就可以下水了。但她放弃了这个念头，因为她不能离开那三个小东西，她害怕她前脚下山，后脚回来看到的是三具血淋淋的动物尸体。

这一天中午，她放倒了第九根木头。她停下来想歇口气，看着手上磨出的血泡，再看手中的石斧出现了不少豁口，她真担心再砍一次下去，斧子就会四分五裂。阿依达有些沮丧：即便是做成了那么大的筏子，就真能平安过河吗？只要一个浪

头或者碰到一块石头，这三只幼崽就有可能掉下河去，到时候自己能把它们救上来吗？

九根就九根吧！阿依达放下手斧，拿出她搓好的树皮绳索，把九根木头牢牢绑在一起。她踩上去试了一下，安排着：命运在这儿，星辰在那儿，加尔琪呢，它占不了多大地方。阿依达又把一根长长的藤蔓系在了木筏子的一端，试了试，很牢固。她虽然很有力气，但还是做不到把这么重的木筏子拉下山。她把希望寄托在那条山涧上，她计划着把木筏子拖到山涧，让它顺水而下，而自己则拽着绳子，不让它失去控制。如果顺利的话，木筏子一定会直接漂到大河中——那样就省事多了。当然，她也曾经想过，涧水顺山而下，如果遇到落差大的地方，她极可能就没法拉住，那时候木筏子会漂到哪儿，她无法预知。但她没有别的选择了，只希望神明能护佑自己，也希望那三只幼崽能听从召唤，紧紧跟随。她对星辰和加尔琪都有信心，只有命运反应迟缓，让她放心不下。

困难实在太大了，让这位坚强的女孩子倍感无助。但她还是横下了心重新用皮子包好手，拉起木筏子，顺着山坡拖到了涧水边！猛然间她听到一连串的"嗷嗷……嗷嗷……"，加尔琪的叫声很怪异。阿依达惊诧地抬头往山顶看时，又惊又怒：寒达篷从树林里钻出来，手持弓箭，瞄准了正在门口嬉闹的星辰，"嗖"的一声，所幸的是，一根斜生的树杈挡住了箭枝，树上的松针被震得簌簌下落。

星辰和加尔琪吓坏了，它们飞快地蹿进了石屋。寒达篷哪肯罢休，他拨开树枝便往上爬。

"嗨！"阿依达怒火中烧，她摸了摸腰间，幸好飞石索随身带着。她急忙往山顶冲，要阻拦这个可恶的胆小鬼！突然间，身后发出"砰"的一声巨响，她吃尽苦头才捆扎好的木筏子被人踢到了水中，顺着水势往山下撞去，时不时地与山石发出"砰砰"的撞击声。只见一个男人手持投枪，笑吟吟地看着她："阿依达，你的木筏子造得多么完美啊！我劝你还是乖乖听话，我可不想伤害你！"

阿依达知道这个人叫辛布力，是提可多的得力助手。她看着锐利的枪尖正顶着自己的后背，不敢乱动。此时，寒达篷走近了石屋，却没有冲进去，只是拿出一个皮袋，往门里倒着什么。一股油脂味顺风飘下来，阿依达痛苦地叫起来："是油……求求你们，不要放火，它们还小……"

辛布力得意极了："对，这样才像个女孩子，你继续求，把武器扔掉，再多求几句……"

看着油脂流进石屋，寒达篷狂笑起来。他的嗓子粗哑，笑起来像是野鸭子在下蛋："嘎嘎嘎……辛布力，我们有烤肉吃了，你说是狼肉好吃还是虎肉好吃呢？"他堵在门口，不紧不慢地把另一个皮袋摘下来，开始取火。没多大工夫，一股轻烟便冒了出来。

阿依达心如刀绞，她的脑海中甚至浮现出恐怖的景象：火光闪处，石屋变成火海，三只幼崽在火海里挣扎，发出了阵阵惨叫。她握紧了手中的飞石索，暗暗挪动着脚步，她要不顾一切，和这个坏人同归于尽。

辛布力笑着应了一句："你小心点儿吧，寒达篷，看着脚下的油，别把自己变成烤肉了。喂，阿依达，停下……我命令你……停下……"

星辰显然意识到了危险的临近，它试图冲出石屋，但寒达篷堵在门口，飞起一脚，把星辰踢了回去，星辰发出一声哀鸣。接着，又一声"啊呜——"，却如同雷鸣，震得附近的大树都跟着摇晃起来。

辛布力只觉得心弦颤抖，他不敢相信自己的耳朵——一只幼虎能吼出这么大的声音吗？他定睛一看，啊？他扔掉了手中的枪，一头扎进了左边的灌木丛中，抱头鼠窜。

寒达篷也懵了，还没等他反应过来，一颗石头呼啸而至，正砸在他的嘴巴上，四五颗带血的牙落了下来，疼得他捂着嘴在地上乱滚乱叫。

阿依达迅速跑到了石屋跟前，呼唤着三只幼崽。加尔琪先冲了出来，接着星

辰也钻了出来，阿依达放下了心——星辰没有受伤！但随即她又涌起了另一种恐惧，她已经看到了，一只剑齿虎从右边的丛林中跑了出来，两根剑齿只剩下了一根——是那只从短面熊的巨掌下逃生的雌虎，刚才那声怒吼正是它发出来的，怪不得把辛布力吓成那样。阿依达紧紧握着手中的飞石索，却不知道该不该打出去，毕竟它是星辰和命运的母亲啊！可它会来伤害自己吗？

寒达篷停止了翻滚，再剧烈的疼痛也不如保命要紧。他居然跑到了阿依达身后，一个劲儿地哀求："阿依达，求求你救救我。我对雷吉特一向忠心，我来杀狼崽和虎崽，也是提可多命令的，我心里不情愿啊！阿依达……它……它上来啦！快用你的武器打它吧！"

阿依达看到寒达篷变形的嘴脸，厌恶地别过了脸。就算她挥舞飞石索，也对付不了这么凶猛的动物，她只能听天由命了！

雌剑齿虎越走越近，它看着星辰亲热地围着女孩子打转儿，没有发动进攻，只是低沉地叫了几声。也许是听到了母亲的召唤，慵懒的命运终于走出石屋，慢慢地走向雌虎，在母亲的腿上蹭来蹭去。雌虎又叫了两声，星辰也离开了阿依达，它有些恋恋不舍，走几步还回头来看了看。

三只剑齿虎朝密林深处走去，寒达篷一口气松下来。阿依达眼中满是泪水，不停地喃喃自语："星辰，命运……你们就这样走了。命运，你真狠心，你都没有看我一眼，就这么走了……"

加尔琪在阿依达的脚边转来转去，嘴里哼哼唧唧的，像是在低声呜咽，难道它也在感伤同伴的远离吗？

❀ 第五节 ❀

"加尔琪，刚才你不肯吃东西，现在我已经没有办法给你找食物了。肉干你

还嚼不动，你只能忍饥挨饿了！"

也许是星辰和命运的突然离去，让加尔琪极不适应，失去了玩伴，它对什么都索然寡味，即便是闻到粥香，也没有什么反应。阿依达也没有食欲，她同样为星辰和命运的离去而失落，但她还是强令自己去吃东西——她需要力量来渡过这条河。

刚才她顺着涧水寻找，只找到了一根木头——木筏子一定是撞在石头上，散了架！阿依达已经没有时间再造第二只木筏子了，辛布力和寒达篷灰头土脸地逃下山去，提可多一定会捏造罪名，下达对自己更加不利的命令。

"我只有让你钻进皮袋里，再把皮袋绑在我的背上。至于我们能不能游过去——加尔琪，我们求神明的保佑吧！"阿依达望着奔腾不息的河水，在河边虔诚地做着祈祷。她解开"百宝囊"，想让狼崽钻进去，但加尔琪无论如何也不肯钻进黑乎乎的袋子里。阿依达只能拎起它的后脖颈，把它塞了进去。扎紧袋子口的时候，她看到了加尔琪可怜巴巴的眼神，心疼了一下，也犹豫起来：扎得太紧，怕把它憋死；扎得松了，水就可能灌进去。

水流中夹杂着断木、碎冰，偶尔还有动物的尸骨。河水的湍急程度超过了阿依达的预想，虽然她的游泳技术还不错，但身上背负的"百宝囊"影响了她。未到江心的时候就遇上了一个涡流，她感觉到了往下旋转的力量，赶忙手脚并用，奋力往回游去。好不容易摆脱了险境，只感觉到两只胳膊已经发酸发麻，她还有力量游到对岸吗？身后的加尔琪还有气息吗？她叫了两声，没有听到回应，只得咬了咬牙，绕过旋涡，继续向对岸游去。

又游了一段距离，猛然间，上游有一段原木漂下来。水势很急，木头来势汹汹，直冲着阿依达漂过来。阿依达正在奋力游泳，根本没有注意到，当她意识到危险时，已经无处可避，只能悲哀地惊叫了一声，眼睁睁看着原木撞向自己的脑袋。

"当……"的一声，一根长长的木杆子点在了原木侧面，原木改变了方向，

擦着阿依达的手臂漂了过去。阿依达诧异地扭过头，天哪！是蒙可！蒙可站在木筏子上，把木杆子递过来，拉着她靠近筏子，把她拽了上来。

"蒙可……谢谢……"阿依达喘着气，匆匆忙忙把皮袋口松开。"百宝囊"没有进水，加尔琪安然无恙，它只是更饿了，一口就把女孩的手指含进了嘴里，吮吸了起来。

阿依达的手痒痒的，她笑着抽出手来，死里逃生的幸福感洋溢在脸上。"蒙可，是谁让你来救我的？一定是乌格？或者是巴汗吧？"

蒙可的脸上一阵尴尬，他犹豫了一下才说："也许你不相信，包括我也不敢相信，是……是提可多。他昨天晚上知道了寒达篷和辛布力上山的事，他狠狠地骂了他们。然后告诉我，你可能需要帮助了，他还暗示我，可以使用部落里的木筏子来帮你。"

"提可多？"女孩茫然了，"他会帮我？"

蒙可摇摇头："我说过了，连我都不相信，但我现在却更加佩服他了。也许有些时候我们不能理解他，但他这次真的很关心你，他也对阿姆和缺少奶水的博尔圣有所照顾……"

"缺少奶水？蒙可，还记得我们第一次见面的地方吗？那里有一大片野麦子，你可以摘一些来，熬成粥给阿姆喝。"蒙可操纵木筏子的技术相当熟练，很快，他们就渡过了河。上岸以后，阿依达立刻弯下腰来，观察着河边的印迹。蓦地，她高兴地跳起来："埃塔，是埃塔它们！它们来这里喝过水。"女孩挥舞着双臂，跑向了前方的树林。蒙可知道阿依达发现了猛犸的足迹，他想起了提可多的叮嘱，猎杀猛犸是为了整个部落。可是，他看着阿依达天真烂漫的笑容，看着她自由自在的奔跑，他怎么忍心利用她来猎杀猛犸呢？他犹豫了一会儿，突然想起还有串项链没有还给她，就跟了上去。

埃塔的种群里终于添了一条新生命，怀孕的海茜产下了一头雄性幼象。这对

于八年来成员只减不增的猛犸象群来说，绝对是件喜事。只是象群再也不能像从前那样，在河边悠闲地喝水了——原本清澈见底的河水已经变得浑浊而可怕。

周围的草场还算丰茂，但是可活动的范围越来越小。冰原融化的积水四处横流，到处是大大小小的洼地，一片小沼泽就可能让一头猛犸丧命。埃塔急于离开这个危险的地方，但是，刚出生的幼象还需要些时日才能跟随队伍迁徙，所以它只能耐心地等待着。

蒙可小心翼翼地在森林里穿行，他被眼前的景象震惊了：阿依达活跃在十几头巨兽中间，一会儿抱抱这个的大腿，一会儿摸摸那个的鼻子，她还爬上了一头猛犸的后背……天啊，这女孩子一定拥有强大的魔力，要不然，她怎么能和这些陆地上最大的野兽交流呢！

那头幼象吃饱了奶，刚刚离开母亲的身边。阿依达看到了海茜前腿间鼓胀的乳房，她欢叫起来，从腰间解下装水的皮袋，仰头把袋里的水喝完，然后凑过去，叫着"海茜"的名字，伸手把它的乳汁挤进了皮袋里。很快，皮袋就鼓起来。阿依达向海茜道了谢，又解开"百宝囊"，掏出木碗，刚把奶水倒进去，加尔琪就迫不及待地冲过来，喝得呼呼有声。阿依达笑道："贪吃鬼，你慢着点儿，小心别把碗弄翻……"

她回身看到了目瞪口呆的蒙可，便把皮袋扎紧后，走过去递到蒙可的手里："猛犸的奶水很好喝，我从小就是喝这个长大的。这些够博尔圣吃几顿的，希望他能长得像你这么结实。"

蒙可接过沉甸甸的皮袋，但他的心更加沉重。他已经完全相信了女巫的"故事"。在此之前，他认为猛犸是野兽，人是有情感的，而野兽没有，所以人和野兽之间，根本就不可能有任何瓜葛，不去猎杀它们只是因为要遵守迈阿腾定下的规矩。而现在，他亲眼看到了猛犸的善良。蒙可的脸发烫起来，他觉得人有时候远不如猛犸无私和伟大。

他叫了一声"阿依达"，他想说：他一定会说服提可多，让他放弃猎杀猛犸的计划。然而，阿依达的脸色却倏地变了，脸上的笑容变成了冰冷的寒光。她一伸手掏出了飞石索，怒目而视："蒙可，原来你们早就设计好了陷阱！"

象群骚动起来。埃塔仰天长鸣，发出了信号，象群迅速向森林深处撤离。蒙可惊讶地回头一望，不禁怒火中烧："辛布力，寒达篷，你们竟带人跟踪我！"

寒达篷的嘴肿得高高的，这次他也算带伤上阵。他嘿嘿笑着，说话漏气，口齿不清："蒙可，你可是对提可多表过忠心的，说一定会猎杀猛犸的！这么快就忘了吗？"

"嗖"的一声，一块石头打在了蒙可的手腕上，他手里提的袋子几乎掉下来。他强忍着疼痛回过身来，只见阿依达的眼中蓄满了伤心、愤怒的泪水。猛然间，她转过身，向猛犸追过去，很快，身影消失在密林中。

蒙可怒不可遏，冲上去拦住这些追杀猛犸的猎手。辛布力看到蒙可眼中熊熊燃烧的火焰，他胆怯了，急忙赔上笑脸："蒙可，咱们这几个人不可能去追杀猛犸。提可多让我们跟着你，就是想知道猛犸具体藏在哪儿，你别紧张。"

蒙可猛地用肩膀一撞，把辛布力撞到了一边。他心中悲愤异常，受伤的手腕已经流出了血。他用另一只手抓着那袋猛犸的奶水，回到了自己的木筏子上，然后向对岸划去。

"提可多，你为什么要欺骗我？""阿依达，我真的没有利用你！"烦恼就如一块块沉重的石头，压在这个青年的心头。

第七章 伏击野狼岭

第一节

萨拉传来消息，提可多准备了不少油脂和火把，把伏击地点定在了野狼岭。

乌格每天都陷入深深的忧郁中。她双眸深陷，头发一下子全白了。谁也阻挡不了提可多了，他注定要猎杀猛犸！还有阿依达，她肯定会和猛犸一起迁徙。

"野狼岭……巴汗，你还记得那个悬崖吗？"

"怎么不记得！"巴汗的思绪瞬间回到了十几年前。那时候的他还是部落里出色的猎手，就在那个地势险要的地方，迈阿腾为了救一个外族人，带领猎手们冲向了恐狼群。也是在那场战斗中，巴汗的一只手臂被咬断，另一只手也断了两根手指。"野狼岭太险峻了，只有窄窄的一条山路，一面紧靠山壁，另一面就是悬崖。"

乌格脸上的伤疤纵横交错，让人难以观察到她的表情变化。但她的语气却是悲愤的："他绝不会放过阿依达，就像他不会放过雷吉特一样！巴汗，这几个晚上他的叫喊我们都听到了。还有，葬礼当天他违背神的旨意，不让女人给雷吉特擦拭身体，还不准我为雷吉特换衣服，我已经怀疑到他了！"

巴汗的心头狂跳，他的眼前不由得又晃过了那枚黑色的燧石枪尖。他颤抖了一下，嘴角哆嗦着，却一个字也没说出来。他的心像被刀子刺穿了一样，既有对

提可多的失望和痛恨，又有对雷吉特及阿依达的深深愧疚。

"我们必须得帮助阿依达！"乌格的语气愈加坚定起来，"绕过野狼岭，那里有一个隐秘的山谷，是一个能让猛犸藏身的好地方。你还记得迈阿腾救过的那个人吗？名字有点怪，奇尔……奇尔达策，他是克洛维斯人①，来自遥远的地方。他就是从那个山谷穿过来的，所以山谷里一定有通往外面的道路——迈阿腾，也许就是奔向了那里。"

巴汗点了点头。他当然记得，就是那个克洛维斯人给迈阿腾讲了"水晶草"的神奇，让迈阿腾对这种可以循环生长的植物产生了浓厚的兴趣，最终不顾族人的反对，匆匆地将部落交给了雷吉特，自己跟着那个人寻找"水晶草"去了。他更不会忘记，那天晚上他在洞口守了一夜，想在迈阿腾离开时再次挽留他，但是他没有想到，迈阿腾和奇尔达策竟然神秘地失踪了。可他明明一夜没合眼啊，难道是神的力量让迈阿腾在山洞中消失了？

乌格掏出一包东西交给了巴汗："这是黑麦角，阿依达送给蒙可的，现在它可以派上用场了。伟大的苍鹰守护神，请你原谅我，我从来没用医术害过别人。"女巫做完了祈祷，接着说，"巴汗，我还是害怕药力不够，记得萨拉前些日子采到很多大花曼陀罗②，让她把曼陀罗的叶子捣碎，等到了那一天，你让萨拉给提可多熬成肉汤……"

巴汗小心翼翼地把药包揣进衣服里，和女巫对视了一眼，眼神中透露出他的决心。看到他走远了，乌格才向相反的方向走去。她路过担任警戒的蒙可身边，压低了声音说："蒙可，你将为大家，为雷吉特，为阿依达做出巨大的牺牲！你将由勇士变成部落的叛徒，你将远离你的家人和族人，踏上一条艰难无比的路。但是，请你相信我，伟大的苍鹰守护神会看到你做的一切！终有一天，你的付出会得到族人的敬仰！"

蒙可的目光中充满了坚毅，他郑重地点了点头。

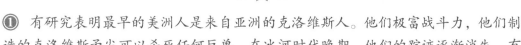

① 有研究表明最早的美洲人是来自亚洲的克洛维斯人。他们极富战斗力，他们制造的克洛维斯矛尖可以杀死任何巨兽。在冰河时代晚期，他们的踪迹逐渐消失。有猜测说他们由于不适应气候变化而灭绝；也有人认为他们留了下来，和原始印第安人通婚并融为一体；还有观点认为他们就是印第安人祖先之一。

② 木本曼陀罗，别名"大花曼陀罗""天使的号角"。原产于美洲，具有麻醉作用，中毒后可使人产生幻觉。它的主要作用是可使人的肌肉松弛，汗腺分泌受抑制，并丧失意识。

第二节

正如提可多预料的那样，猛犸深受水患困扰，它们的活动范围越来越小——到处是水坑、沼泽。它们哪怕是饿着肚子，也不敢贸然去进食。

阿依达的到来，多少解决了一些问题，因为她可以用一根长长的木棍试探一些水洼的深浅。但这对改变猛犸的生存现状并没有太大的帮助，毕竟猛犸每天的食量太大了，要想根本解决问题，只能迁徙。

埃塔想带领队伍往下游行走，只要穿过那片丛林，也许它们就能找到浅处，到时候再涉水过河，然后一路向南。但是一个意外改变了这个计划：刚出生两个月的小雄象——阿依达已经给它起好了名字——阿贝，它刚刚能跟上母亲的步伐，就在丛林里的积水坑边喝水的时候，失足陷了进去。那小象的凄声惨叫，让猛犸群惶恐不安。还是阿依达观察后发现水坑并不深，只是阿贝的力量太小，胆子也太小了，所以才夸张地叫起来。在阿依达的帮助下，阿贝很快就脱离了险境，一溜烟儿钻到母亲的身子底下。这次意外，使猛犸们再不敢往丛林里钻了。

阿依达和猛犸们更加亲密了。有时候她想骑在谁的身上，只要喊几声名字，再拍拍它的腿，猛犸就会伏下来。有时候她也会抱着加尔琪骑在象背上，这只小狼却只会紧紧依偎在阿依达身上，不停地发出哀鸣。因为有了猛犸的奶水，加尔琪长得很快，一个月以后它已经可以吃切碎的肉块了。但让阿依达高兴的是，尝到鲜肉滋味的加尔琪居然对谷物并没有太多的排斥。

不久，埃塔领着队伍出发了。它们沿着河岸向北进发，那里的山头较矮，而且这条路相对干燥，只是越走越窄。到后来，猛犸们只好排成了一条直线。埃塔照例走在队伍的前头，紧随身后的是娜拉，阿依达骑在娜拉的背上，怀里紧紧抱着加尔琪。

"加尔琪，你别乱动，现在你想下去也不行了。你看，这么窄的路，猛犸的大脚随时都能把你踩扁。"阿依达摸摸它的脑袋，"你胆子怎么这么小？一点儿也不像狼了，倒像是只……小兔子。"

"猛犸就要行动了！"猛犸一开始迁徙，寒达篷就向提可多报告。

"辛布力，机会来了！我们分成两组，寒达篷带领一组，在猛犸的身后放火。你们可以想象，一旦感受到身后有火，猛犸的后队肯定会迅速前进。这时候我和你带着另一组，把干柴抛下去，在猛犸的前方放火。这条山路非常狭窄，猛犸没法转身，你想它们会怎么样？"提可多发出了得意的笑声，"哈哈哈……它们会挤成一堆，互相踩踏，最后全都得掉到悬崖下面去！"

寒达篷听着，兴奋地从火堆里捡起了一根烧焦的木棍，在岩石上画了一头猛犸。这次提可多没有指责他在图腾旁边乱画，反而抢过他的木棍，在猛犸的身上画了几根投枪。提可多仿佛看到了那壮观的场面，仿佛听到了族人的欢呼，到那时候，他的光芒将远远超过只会给族人许空愿的迈阿腾，当然，更会超过只会迷信迈阿腾的雷吉特。

"蒙可……会不会听我们的？"辛布力显然对蒙可有着深深的成见。

提可多轻轻一笑："辛布力，你不要多想，我们只是在利用他。这次行动关系重大，每个男人都要参加，包括巴汗，只要他还能举动火把，就得跟我上阵！"

巴汗确实老了。他比以前更加瘦弱，两只眼睛深深凹陷，颧骨高高地突出来，身上更是皮包骨。他的头发全白了，脸上的皱纹横七竖八，就像一张伤痕累累的柳树皮。这位老人是部落里最长寿的男人，他一向乐观宽容，从不计较得失，也不在乎荣辱。但这段时间的心理折磨使他的乐观消失殆尽，也让他看上去老了许多[1]。

巴汗背上油脂袋的时候，心中充满了激情，他决定为雷吉特和阿依达做点儿什么。这种抉择充满了危险，甚至会付出巨大的牺牲，但他乐于去做，因为那将使他的生命更加有意义！巴汗脸上的光泽让低着头靠近他的萨拉很有些震惊。多年以前，她对残疾的父亲不是很友善，但在自己也成了残疾人之后，她才感受到了父亲的爱。她惊讶身体状况不是很好的父亲，怎么会有这么旺盛的精力，她似乎看到了父亲年轻时的英勇——雷吉特和提可多都是他训练出来的猎手。

"巴汗，"萨拉的语气中带着愧疚和哀伤，"提可多兴奋得一夜没睡，我早上做好的肉汤，他一口没喝。"

"没喝？"这个消息太令人意外了，让巴汗立刻崩紧了神经，"如果这样，那猛犸危险了，阿依达也危险了！"

萨拉的身子一抖："要不要我再去劝劝他，让他喝点儿汤？"

还没等巴汗说话，山洞外面突然传来了辛布力的呼喝声—— 来不及了，队伍要出发了。巴汗抽出自己的水袋，递给萨拉："把水倒出来，把肉汤灌进去，我看看还有没有机会！"

★★★

[1] 据考古发现，在四五十万年前，原始人的平均寿命为 15 岁。由于食物粗陋，

加之自然灾害、酷暑严寒、毒蛇猛兽的侵害，以及疾病的肆虐，原始人的生命短促是可想而知的。

到了新石器时代，由于工具的发展以及农作物培植的普及，使得食物短缺问题得以缓解，人类的平均寿命增至25岁。6 000年前中国的半坡人能活到三四十岁。

第三节

从清晨到中午，野狼岭上波澜不惊。偶尔有几只黄鼬穿过，算是给这片静谧的空间制造了一点声响。但这点儿动静丝毫缓解不了猎手们的焦躁，因为太阳刚刚从地平线露头的时候，他们就埋伏在了这里。辛布力听到了周围人的小声抱怨，他也深深地感受到了提可多的焦躁。他悄悄地请示了提可多，潜行到寒达篷的埋伏地点安抚大家。过了一段时间，他迅速地跑回来，气喘吁吁地说："来了……来了！但是走得很慢，因为它们边走边吃，走到这里，估摸还得一阵子。"

提可多一下子来了精神。他命令大家准备好火把，命令德阿蓬把钻火木头准备好。可是猎手们的状态却有些懈怠，提可多知道，大家这是饿了，毕竟等待的时间太长了。都怪这些长毛象，长着一个永远填不满的胃。赫达林从皮袋里掏出几块肉干递给蒙可，他已经知道了儿子的决定，阿姆昨晚还偷偷哭了一场，但这对夫妻却没有阻拦儿子。他们的命是迈阿腾救下来的，所以他们的灵魂永远忠诚于迈阿腾，也包括后继者雷吉特。蒙可的命是阿依达救下来的，所以他们希望蒙可也要感恩阿依达，哪怕为她付出生命。

蒙可接过肉干，吃得津津有味。他没有像以往那样把食物分给同伴，因为他需要更多的力量去做更有意义的事情。赫达林目不转睛地凝视着儿子，那只独目中充满了慈爱，他在心里默默祈祷着：保佑猛犸，保佑阿依达，保佑蒙可渡过这个难关！

提可多的眼睛瞥向了蒙可的肉干，由于过度紧张和兴奋，他从昨天起就没怎么吃东西，全仗着一股激情在支撑，如今胜利在望，饥饿的感觉一下子便从神经深处跳出来。

"感谢女巫，感谢神灵！"巴汗念叨了几句，用那只残疾的手把皮袋举到嘴边，用嘴咬开塞子，一股肉香味飘了出来。巴汗喝了两口，看提可多正在眼巴巴地看着自己，就赔上了笑脸："我出发前乌格作法，我的武器、火把，还有这袋肉汤，全有神灵的庇护了。一会儿猛犸来了，我会第一个冲出去！"

提可多对巴汗这套谄媚的说辞毫不在意，他只是闻到了那一股股混杂着油脂味的肉香——为了掩盖黑麦角的腥气，萨拉放了不少野牛的油脂——这让提可多干瘪的胃部抽动起来。"这是什么汤？味道很特别。"

巴汗的心头燃起了希望，他紧张万分，心里像揣着一只野兔子，"怦怦"地狂跳着。但他还是装作若无其事地喝了一大口汤："是野牛肉，放了些香草和麦粒，味道真好！"说着，他试探着把皮袋递过去，"提可多，请尝尝肉汤吧。"

提可多的口水直往肚里咽，他比较满意巴汗这次的讨好。他点点头，接过了皮袋，喝了一口，一股鲜肉的香味和谷物的香味混杂在一起，在他的舌尖不停地跳跃。他赞许地说："这汤做得真是不错，萨拉的手艺又有长进了！"他一口接一口，片刻就把皮袋里剩余的肉汤喝了个干干净净。辛布力馋得直流口水，又不敢上前讨要，急得在地上直跺脚。

当最后一头猛犸走过去的时候，寒达篷在草丛里一摆手，五六个猎手爬到山坡上。他们都背着几捆干柴，紧随猛犸，在靠近它们的时候把干柴卸了下来，寒达篷点燃了火把，然后点燃了地上的干柴。火焰立刻让那头猛犸感到了灼热，它惊恐地叫了一声，不由自主地往前迈了两大步，脑袋撞在了前面猛犸的身上。

猛犸的队伍乱了阵脚，埃塔感受到了后面的骚乱，但它无法转身观望。阿依

达站在娜拉的背上往后张望，大喊："不好，有人放火！埃塔，快！往前冲！"

埃塔当然听不懂"放火"的意思，但它却能感受到阿依达的着急。它发出了一声呜呜，加快了脚步。这声呜呜也让后面的猛犸稍稍安静了下来，它们紧随首领，希望尽快脱离险境。

寒达篷急得像只上蹦下跳的猴子，当火燃起的时候，他已经发出了信号，前面山路上的火头应该同时燃起。这样首尾夹击，猛犸肯定乱作一团，它们会挤压碰撞，互相踩踏，最终它们只有一条路可走——悬崖已经向它们张开了巨口。可是为什么前面却没有反应？出了什么差错？那可是提可多亲自带队，怎么可能有差错？

前面的山路上已经堆了很多干柴，而且还浇上了油脂，只要一个小火星，它们就会变成一个大火球——能吞噬掉一切生灵的大火球。猎手们已经看到猛犸的后方起火了，也看到猛犸的队伍乱了，更看到猛犸加速往这边跑过来，所有人都在等着提可多下令。但提可多还没有恢复知觉，刚才他和巴汗已经吐得一塌糊涂，那袋掺杂了黑麦角和曼陀罗叶子的肉汤起了反应。巴汗喝得少，吐了几回后又被德阿篷灌了几口凉水，他清醒多了。但提可多食用得过多，躺倒在草地上，眼睛半睁半闭，陷入了昏睡状态。

"提可多，提可多！"辛布力一个劲儿地摇晃着提可多，"猛犸过来了，快冲过来了，再不下令就晚了！"

辛布力摇了半天，叫了半天，只换来提可多一个莫名其妙的微笑。他急了，转身替提可多下达了命令："你们赶紧往下扔火把！"

有两个年轻人犹豫着想动手，但环顾了一下四周，看到大多数成年猎手没有动——毕竟大家还记着曾经发下的誓言。一看没人动，辛布力立刻冲上来，夺了一只火把就想往下扔。赫达林一把抓住他："辛布力，你看提可多怎么病成这样？难道是因为违背誓言，神灵在惩罚他？要不然怎么偏偏这时候病了？"

辛布力听了，心头也是一震。可他再往山路上看，一头巨大的猛犸已经冲到了柴堆前，正在用两只长牙拨弄着拦路的柴堆。来不及多想了，辛布力心一横，手中的火把就扔了出去。

"呼"的一声，火堆上的油脂瞬间燃烧起来，火焰燎到了埃塔的牙齿，它痛得哀鸣了一声，下意识地往后退去。这一退，让后面冲上来的娜拉收不住脚，正撞在母亲的身上。阿依达被撞得几乎掉下来，多亏她紧紧抓住了娜拉身上的长毛。

阿依达万分焦急，急忙跳到了地上。她十分清楚，如果不快速冲过火堆，那么埃塔肯定会继续往后退，后面的猛犸再冲上来，两下里挤作一团，只能落下悬崖了。阿依达看着眼前的熊熊大火，不顾一切地冲过去，想把柴火拨开，闪出通道来，可是——

就在她几乎要绝望的时候，一堆火焰"啪"地飞到了悬崖下面。蒙可手持投枪，扎进另一捆干柴中，又把它挑到了悬崖下面。很快，燃烧的柴堆陆续被蒙可的投枪挑飞，道路清出来了。

"蒙可，谢谢你！埃塔，快走！"阿依达一招手，带着加尔琪抢先冲了过去。埃塔重新加速，后面的队伍也紧随而上。转过山角就是下山坡，道路逐渐开阔平坦，猛犸们加快了速度，一路狂奔，终于越过了生死一线的野狼岭。

因为这次惊心动魄的攻击，猛犸象群心有余悸，它们的耐力在奔跑中得以充分发挥，把阿依达和加尔琪甩得远远的。不服输的女孩耗尽了体力也没有追上，最终停下了脚步，躺倒在草地上，把四肢伸开，大口地喘气。阿依达感觉到了前所未有的疲乏，她甚至想就这样睡上一大觉。但是加尔琪不停地冲着后面嚎叫，她回过头去，刹那间跳了起来："蒙可，你受伤了！？"

蒙可的左手背被火燎得漆黑，好像一段烧焦的树皮。阿依达从"百宝囊"里翻出些车桑子，搓成粉末儿撒在蒙可的伤口上。"这是给巴汗准备的，一直没机会给他，先给你用上。啊！蒙可，你流泪了，是不是很疼啊？为了救我们，受了

这么重的伤，我真不知道怎么感谢你！"

"不，要感谢巴汗！"蒙可的烧伤比较严重，药末儿撒上去之后，疼痛并没有得到多大缓解。但他并不为自己担心，眼中又涌上了泪水："那个伟大的老人，我们都要感谢他，不知道他会受到什么样的惩罚！"

第四节

"提可多，别怪我！是蒙可放走了猛犸！我想抛出投枪，可是巴汗用身子撞我，把我撞倒了。就这样，猛犸都跑了……"

辛布力捂着左脸，委屈地向刚刚苏醒的提可多诉说着。看到他那窝囊的样子，提可多真想给他一巴掌。但他现在更加愤恨的是背叛者蒙可，还有那个巴汗。巴汗更可恶——居然敢下毒？难道他不怕死吗？难道他不管萨拉的死活了吗？

提可多扫了赫达林一眼，不由得暗暗咒骂了一句。他知道赫达林虽然来自外族，但这些年已经和本部落融为了一体。阿姆待人热情，赫达林又是制造石器的高手，所以族人和他们的关系都不错。他暂时不能因为蒙可的背叛就轻易对赫达林下手，只得把满腔怒火移向了另外一个人。

"巴汗！你敢下毒？"巴汗颤巍巍地站在人群中间。他真的老了，刚才那一番折腾使他的五脏六腑都颠倒过来。但他的内心却无比安详，甚至有着一种难以言表的自豪。提可多这个计划狠毒无比，几乎是个死局，但是他一个残疾的老人，硬是凭着智慧把这个死局解开，这使他的脸上充满了自信的光芒。他跨前一步，挺起了胸膛："提可多，凭什么说我下毒？那是我的肉汤，我自己还不够喝呢，结果被你抢着喝光了！"

"肉汤？"提可多手中的投枪握得紧紧的，这让周围的猎手们非常不安，他们替巴汗捏一把汗，生怕提可多一怒之下会把巴汗刺个对穿。但提可多克制了自

己："我看是毒药汤吧？喝了肉汤会肚子疼吗？会吐吗？会昏迷吗？"

"昏迷？"巴汗做出了惊讶的样子，"我也喝了汤，我怎么没昏迷呢？你的昏迷，该不会是神灵的旨意吧？"

巴汗一扫往日里的畏手畏脚，昂首挺胸，侃侃而谈，他的辩驳让提可多猝不及防，一时间竟找不出合适的理由来驳倒他。这位平日里点头哈腰的残疾老头，嘴角挂着轻蔑的笑，在那里调侃着提可多。提可多禁不住恼羞成怒，抓起投枪就要刺过去。就在这时，寒达篷从山下跑来，边跑边喊："提可多……来了，又来了……猛犸，只有一头！"

苏辛和另一头雄猛犸，那天拒绝和埃塔一起涉险过河，却被猎手射伤，又遇到了大批北美驯鹿和野牛在迁徙，引来了各种掠食者。离群之后，它们才由衷地怀念起群体的温暖和安全。

在行走时，那头雄象陷进了一个大水坑里，坑底尖利的石头刺破了它硕大的脚掌。它拼命挣扎，长声嚎叫，终于没有爬上来。苏辛眼睁睁看着同伴耗尽了最后一点儿力气，被数不清的鬣狗和恐狼扑上来作为美餐享用，它只能悲哀地离去。终于，苏辛发现了一处比较平缓的水域，它孤注一掷，蹚过河，来寻找象群。

苏辛一路追寻着猛犸的气味和足迹，终于赶到了野狼岭。就在那段狭窄的山路上，它闻到了地上焦糊的味道，这是个危险的信号。但它也闻到了猛犸的气味，它们就在前方！对群体的迫切思念使苏辛鼓起了勇气，不顾一切地闯进了猎手们的埋伏圈。

听到这个消息，提可多的眼睛都红了。他喝令所有猎手都点燃火把，全体到山路上堵截猛犸，谁要是敢退后半步，他手中的投枪将毫不犹豫地刺出去。寒达篷仍然负责在猛犸身后放火，一时之间，他们找不到那么多干柴了，但还有油脂，他们把油脂倒在树枝上，倒在石头上，用火把点燃，掷向了猛犸。

苏辛感受到来自身体后方的攻击，有几块燃烧的石头已经砸在了它的身上。

它又惊又疼，但狭窄的山路让它无法转身，只有硬着头皮往前方冲去。但是，前方——仍然是死路一条！只是这一回，再没有人来救苏辛了。

猎手们在提可多的威逼下，已经砍下了一些树枝，堆放在了山路中间。一看苏辛硕大的身躯冲着这边跑过来，提可多迅速点燃了树枝，火焰"呼"的一声蹿了起来。这让奔过来的苏辛感到了前所未有的恐惧，它不由自主地往后挪动着脚步，但是身后的火势更加凶猛，有两根燃烧的树枝被掷到它的后背上，已经烧着了它的长毛，让它感觉到了痛彻心肺的灼痛。

"昂呜——"

听到猛犸发出痛苦的哀鸣，提可多马上下了命令："投枪！"

十几根投矛掷了出去，成年猎手们不愿意猎杀猛犸，所以投出去的枪也是有气无力，有的投偏了，有的碰到猛犸就落了下来。但是急于要表现的辛布力却毫不客气，他用上了投矛器，他的投枪在空中带着呼啸声，结结实实地扎在了猛犸的身上。一连几根都很有杀伤力，扎得猛犸不停地哀鸣，提可多不禁大声为他叫好！在猛犸后方的寒达篷一听首领在赞扬辛布力，自然不甘落后，在他的命令下，七八根投矛无一落空，深深地扎进了猛犸的身体里。

投枪刺入身体的剧痛以及身后不断飞过来的火焰让苏辛魂飞魄散，它不断地发出能刺破长空的吼叫，走投无路的它竟然朝着前方火堆冲过去，大脑袋一晃，左右两根巨大的象牙把眼前燃烧的火堆扫得四处飞散。猎手们看着半空中掉落下来的火球，急忙躲避。他们更恐惧的是眼前这头发疯发狂的巨兽冲破了封锁，直冲过来。这时，提可多伸出了脚，重重地踢在了身前举着火把的巴汗身上。

巴汗瘦弱的身躯被提可多踢了个趔趄，正好撞向了猛犸的脑袋，手中的火把不偏不倚刺向了猛犸的眼睛。苏辛痛不可支，它吼叫着，摇着脑袋，那两根大长牙竟然把巴汗扫到了悬崖下面。然而，苏辛后退的一条腿也踩空了——它的身体迅速向悬崖下坠去。苏辛发出一声震人心魄的吼叫，沉重的躯体向悬崖下方坠去，

随即，悬崖下方传来了沉闷的巨响。

提可多站在悬崖边上，下面尘土飞扬，遮住了视线。但他知道自己的计划实现了，他终于成为了部落里最伟大的猎手！他高高地举起了手中的投矛器。

"伟大的提可多！"寒达篷衷心地赞美了一句，只是他说话漏风，让这句赞美变得很滑稽。

❋ 第五节 ❋

一场悲壮的狩猎，让苍鹰部落的人们忙碌起来——在一种悲怆凄凉的气氛中忙碌着。由于猛犸的尸体距离山洞比较远，所以部落里的男人女人一起上阵了，就连萨拉也哭泣着加入到了运输队伍中。提可多完全没有因为巴汗的牺牲而对萨拉心慈手软，他认准了在汤里下毒药的是萨拉，他的殴打和萨拉的惨叫声连辛布力都听不下去了。辛布力壮着胆子提醒一句，得趁天黑之前把猛犸运回来，否则那股浓重的血腥味会招来不少掠食者。

赫达林在不停地做着石凿和石刀，分割猛犸需要大量的工具，提可多命令他必须保证人手一把。事实上用不了这么多，但是赫达林知道，这是对自己的变相惩罚，他只有努力工作，避免提可多找到惩治自己的借口。即便如此，提可多仍然不想放过蒙可的家人，他命令身体还没有完全恢复的阿姆搬离山洞，和赫达林及两个孩子一起，到山顶上那间负责瞭望的石屋中居住。当阿姆顺从地搬走物品时，提可多又加了一条：让她负责给大家做饭。

即便是最严厉的首领，也会对哺乳期的妇女加以照顾，尤其是为部落生了男丁的妇女。但是大家敢怒不敢言，提可多仿佛不再是和族人并肩战斗的首领，更像是役使奴隶的主人。寒达篷和辛布力这两个人为虎作伥，他们还拉拢了几个年轻的猎手，成为提可多最得力的助手。谁敢公然违抗他们的命令，恐怕不会有好

果子吃——可怜的巴汗就是例子。

锋利的石凿切开了猛犸的外皮。人们看到外皮下面还有一层细细的绒毛，紧接着白花花的脂肪就溢了出来。部落里的人早就懂得了脂肪的种种妙用，但他们平时猎到的一些食草动物，基本上都是瘦肉比较多，只有那次猎到短面熊时收获到了一些脂肪，但跟眼前这座"肉山"的脂肪相比，简直是不可同日而语。妇女们用石刀把脂肪切成适合携带的小块，装进了皮袋里。男人们一般不参与分解猎物的工作，但这时远处已经出现了恐狼和鬣狗的身影，他们必须抓紧时间，迅速地分解着肉块，背到河边清洗干净，再装上筏子往回运。

分解、运输工作紧张有序地进行着，太阳落山之前，猛犸身上有用的东西都被分批运回了山洞。最后，地面上只剩下一张巨大的外皮和白森森的骨架。寒达篷意犹未尽，用石斧砍削着那对巨大的象牙，他一连用断了两把石斧，终于把这两根接近四米长的象牙切了下来。寒达篷站在象牙前比量了一下，得意地笑了。

在寒达篷的笑声中，萨拉请大家帮忙搬开了猛犸的骨架，有几个人过来把外皮卷走。猛犸的外皮非常坚韧，用它做的鞋子会结实耐用。就是皮上附着的长毛，也可以搓成绳子——猛犸全身都是可利用的宝贝！

萨拉再次痛哭起来，在场的猎手们全都露出了悲哀的神色。他们看到巴汗的尸体被压在猛犸下面，已是面目全非，他的身上已经找不到一块完整的骨骼，以至于搬运的人轻轻一抬，他的身体就塌了下去。

德阿蓬忍着心中的难过，带着几个猎手去砍了两棵小树回来，又把猛犸的外皮打开，比量着切了一块下来。他们把外皮的四个角紧紧绑在树干上，这样就做成了一个简易的担架。在萨拉悲切的哭声中，巴汗的"身体"被抬到了担架上，一行人抬着担架，踏上了归程。

阿姆累得腰酸背痛，总算在乌格的帮助下，把晚上的肉汤做好了。乌格因为不肯为这场杀戮主持祭祀活动，被提可多罚去做饭。即使在烟熏火燎中，她饱经

风霜的脸上也看不出有什么悲伤。只有在巴汗被抬回来的时候，她才站了起来，举起骨杖，绕着巴汗的尸体，为他做着最后的祈祷。

提可多斜了一眼乌格。他看着这些丰富的战利品，内心无比满足：没有你的帮助，我一样成了最伟大的英雄！他又一次跳到了那块高高的岩石上，这一次他觉得自己离天空更近了！

几堆篝火燃烧起来，火堆上都架起了新鲜的猛犸肉。年轻的猎手们一边喝着肉汤，一边撕着烤肉，吃得不亦乐乎。而那些年长的猎手们却没什么心情——参与了这场猎杀，他们背弃了曾经发下的誓言，又失去了一位和蔼可亲的长者和同伴，他们的心情无比沉重。

提可多过度兴奋。他甚至发挥奇思妙想，指挥着寒达篷他们，从猛犸的肌肉里抽出肌腱来，把两根猛犸象牙交叉着捆绑在一起。再用掘土棒在地上掘了两个坑，把两根象牙立在坑里，周围用石头压结实了。

大家不知道提可多这是要做什么。但是象牙立起来之后，坐在一边吃肉的辛布力首先叫了起来："这多像一道门啊！"

"说得好！辛布力！"提可多得意极了，"这就是一道门，而且我还能让它变成一间房子。"说罢，提可多让人找来两根树干，也像象牙一样交叉着捆绑，立在了象牙的后方。又把一根粗一点的树干架在了象牙和树干的交叉处，房架就搭好了。

"快点，把猛犸象皮搭上来。"辛布力兴奋起来，他丢掉了手中的烤肉，指挥着大家七手八脚地把那张巨大的象皮铺在了房架上。

"怎么样？你们看看，这间'猛犸小屋'多么漂亮！而且风雨不透！"提可多非常得意自己的"作品"。他回头看着眼神中充满向往的辛布力："这间房子归你了，辛布力。在这场狩猎中，你表现得忠心勇敢。从现在开始，你可以住在这间房子里，这是我赐给你的荣耀！"

辛布力的脸上好像绽开了一朵花，他呼喊着儿子："浩尔岭，看看我们的新家！我们应该感谢提可多，他不但英勇无敌，他的伟大智慧也是超过常人的！"

没有人应和辛布力，浩尔岭及几个小伙伴和巴汗都有感情，他们正抹着眼泪，观看着女巫的祈祷。这让辛布力很扫兴，也让提可多觉得郁闷：这些顽固的家伙，到这个时候还在迷信女巫，她能给我们带来什么？是吃的还是穿的？想到这儿，提可多跳上了岩石，俯视着下面的族人："现在，为了庆祝这次成功的狩猎，我们要举行一场最伟大的庆典！猎手们，准备舞蹈吧……"

一道闪电在夜空中划过，紧接着"咔啦啦"的雷声响彻了天空，豆子般大的雨点噼里啪啦地落下来。这场雨来得太突然，那几堆篝火瞬间全部被浇灭。部落里的人纷纷往石屋跑去，辛布力在雨中呼喊着儿子，拉着他进了"新家"。

赫达林和德阿蓬带了几个人，冒雨抬着巴汗向山上走去。"巴汗是我的好伙伴，当年迈阿腾救我时，巴汗也参加了。把他葬在我们的小屋前，我会时刻感受到他的存在！"赫达林哀伤地说。阿姆一只手抱着男孩博尔圣，另一只手牵着女儿成玛，跟在大家的后面。

提可多站在山洞口，他看着这场骤雨，心中十分不快，一场隆重的祭祀活动就这样被冲散了。这个季节很少下雨，难道真的是自己作孽太多，得罪了神灵吗？寒达篷刚才还在为那间"猛犸小屋"感到不快，他认为在狩猎的过程中，他出力比辛布力要多得多。但他现在揣摩着首领的心意，赔上笑脸说："提可多，这正是神灵的启示啊！你看，你刚刚带领大家把猛犸肉搬回来，就下起了大雨。这场雨不早不晚，说明神灵一直在庇护你呀！当大家躲在石屋里享受猛犸肉的时候，他们都会感激你的！什么'水晶草'，什么迈阿腾，什么雷吉特，很快就会被遗忘的。靠他们能填饱肚子吗？只有食物才能让大家感激涕零。提可多，你不愧是最伟大的英雄！"

寒达篷这番话说得含糊不清，但提可多还是听懂了大意。他赞赏地看了寒达

篷一眼，突然问道："雷吉特的尸体搬过去没有？"

寒达篷吓了一跳，他使了个眼色："小点儿声，乌格还在洞里。"

提可多这才想起来，巴汗死了，阿姆被赶出去了，这个山洞里只有萨拉和乌格两个女人了。但他不怕被乌格听到，对于一个几乎迈不动脚步的老女人来说，让她多活几天，对她已经是最大的仁慈了！

乌格正蜷缩在山洞的一角，周围漆黑一片，外面这场大雨让山洞里的气温骤然下降。乌格没有生火，潮湿的空气使她的腿感觉有无数只虫子在叮咬。但大雨并没有浇灭她心中的希望，尽管提可多和他的爪牙们无视神灵，践踏誓言，毫无同情心，甚至欺负妇孺，部落里的正气被扼杀（后德阿蓬悄悄告诉了她巴汗的死因），但在年迈的乌格心中，希望的火花仍然在跳跃：因为还有阿依达！还有蒙可！

第八章 克洛维斯湖

❧ 第一节 ❧

　　惠特尼山海拔 4 400 多米，属于内华达山脉。这里绿树成荫，灌木繁茂，放眼望去，遍地是令人舒心的绿色。繁盛的植被促进了动物的繁衍，这里的动物种类繁多，很多是阿依达叫不上名字的。

　　阿依达奔跑在惠特尼山下的平原上，她的双腿修长有力，肺活量超过了常人。她好胜心非常强，每次都要超过蒙可才算罢休。在他们身后，不离不弃的还有那只渐渐长大的灰狼加尔琪。

　　这半个月来，他们一直沿着科罗拉多河的一条支流向西南方向行进。惠特尼山峰顶平缓，山顶虽然有积雪，但是蒙可和阿依达都是身体强健的少年，所以很容易带着加尔琪翻越了这座高山。

　　"好高的树！"阿依达指着一片红杉①，由衷地赞美着。树林里出现了响动，一只小松鼠进入了她的视线，她跳着追过去。她从来没见过这么漂亮的松鼠：胖乎乎的脑袋，毛茸茸的尾巴，背部有好几道纵条的花纹。加尔琪看到猎物，"嗷嗷"叫着冲了上去。受到惊吓的小松鼠迅速上了树，躲进了树叶中。加尔琪还不甘心地守在树下，冲着上面不停地叫着。

　　"加尔琪！不要吓唬它！"阿依达禁不住也像加尔琪那样，抬头向上观望着。

她奇怪这松鼠怎么会这么漂亮，和她以往所见的完全不同。"若是乌格在的话就好了，她一定知道这是什么松鼠。"

蒙可当然也不会认识这种墨氏金花鼠②，但他看着女孩的表情，却有些担心：阿依达是不是又开始伤心了？

逃离了野狼岭，安顿好了猛犸，蒙可和阿依达踏上了新的征程。部落面临着毁灭的危险，提可多践踏神灵，胡作非为，早晚会人心离散。人类每个个体的力量都是有限的，他们只有靠集体的智慧才能生存下去。如果大家成了一盘散沙，很可能就会成为掠食者口中的美餐。要想挽救苍鹰部落，他们只有找到迈阿腾，或者带回"水晶草"。

蒙可和阿依达带着强烈的使命感，勇敢地踏上了未知的旅途。但是阿依达和猛犸的感情太深了，与它们分别之后，她的眼泪时不时就会滴下来。蒙可用尽了浑身解数，每次都能让她破涕为笑。但是没多久，她又会忧伤起来。反反复复的情绪变化，令蒙可无可奈何。

穿越了这片红杉林，他们发现了猎物：一只灰褐色动物正在草丛中潜行。它身长将近一米，外形极像一只猞猁，尾巴短而粗壮，上面还点缀着一些深色的环状斑纹，尾巴尖呈黑色。这条奇特的尾巴让蒙可认出了它——短尾猫③。加尔琪勇敢地冲了上去。此时的加尔琪身材和这只猫差不多，但它以前参与捕食的机会有限，多数是阿依达或者蒙可打到了猎物后，它负责冲过去把猎物叼回来。所以，在短尾猫眼里，眼前这只小灰狼的攻击显得笨手笨脚。它龇开了牙，后腿弯曲，一跃而起，准备凌空扑到这只灰狼的脑袋上，然后抓碎它的眼珠，咬断它的喉咙。但是就在它跃起时，一颗石头呼啸而至，擦着短尾猫的脑门飞了过去——阿依达怕伤着加尔琪，所以故意让石头飞得高了些。

短尾猫受了惊吓，意识到了危险，迅速转身向灌木丛中逃去。但是它怎么能逃得过阿依达的石头和蒙可的投枪？短尾猫发出了一声短促而凄惨的嗥叫，栽倒

在血泊中。加尔琪显然被刚才的攻击吓着了，它怔怔地呆在了原地，好一会儿才随着主人去捡拾猎物。

蒙可拔出了枪，赞扬了一句："阿依达，你的飞石索越打越准，居然从短尾猫的耳朵里打了进去！"

阿依达却用脚轻轻地踢了踢加尔琪："又输了一场吧？这回的猎物没你的功劳，你还是喝野菜粥吧。"

加尔琪好像听懂了似的，不情愿地发出了呜咽。蒙可看着都笑了。猛然间，他又抬起了枪，警觉地观察着前方。果然，一只长相奇怪的兔子从草丛中跳了出来。它的后脚跟很大，就算踏在松软的雪地上也不会陷落下去，所以人们叫它"白靴兔"④。它是短尾猫最爱的食物，刚才短尾猫的潜伏，可能就是为了捕到它。

蒙可不假思索地举起了投枪，还没等他挥臂，阿依达已经阻止了他："不，蒙可！不要伤害它！"

蒙可一愣，就在这工夫，白靴兔已经跑远了。蒙可有点沮丧，怎么到眼前的猎物都不能打了呢？

阿依达取出石刀，利索地剥下了短尾猫的外皮，一边比量着一边说："嗯，可以给你缝两只靴子。它的皮不如鹿皮柔软，但是没关系，我可以在里面楦一些干草。"

蒙可看看自己脚下的皮靴，因为翻越这座高山，已经破烂不堪了。看到阿依达这么关心自己，他的心情舒畅了许多。他掏出石刀，分解着短尾猫的尸体，把两块内脏扔给了加尔琪。这小东西闻了闻，显出很不情愿的样子，勉强吃了起来。

"哈哈，蒙可，"阿依达笑了起来，"你发现没有，它现在喜欢吃烤熟的东西了。不过没关系，只要饿它两顿，它连菜粥都能喝得香喷喷的。"

蒙可趁阿依达高兴，赶紧提出自己的疑问："昨天，还有今天，你两次阻止

我狩猎，这是为什么？"

阿依达回过头来，两只蓝色的大眼睛像天空一样美丽。她指了指短尾猫说："我们够吃了呀，为什么还要猎杀更多的动物呢？"

为什么？蒙可从来没想过这问题，部落里的猎手，好像生来就是打猎的，而且猎物打得越多越大，猎手越有荣誉感。他可从来没想过：够吃了就不用再打猎了。"阿依达，我们是够吃了，可是就不能多打一点儿吗？"

"蒙可，"阿依达的眼睛里绽放着光芒，"我给你讲一件事。在迁徙路上，有一天我和乌格在河边喝水，看到一大群驯鹿也在河边喝水，而它们的身边就趴着一头雄狮。它们与雄狮近在咫尺，但它们不害怕，雄狮也没有侵害驯鹿的意思，你知道为什么吗？"

"因为雄狮吃饱了！"

"对，乌格说狮子是最威猛的动物，也是最公平的动物，只要它吃饱了，就不再想着去猎杀弱小的动物。可我们人类为什么总是不满足，总想着不停地猎杀呢？"

蒙可听了这番话，觉得很有道理。可他还是有些想不通："人类拥有智慧，懂得储存食物来应付寒冷的季节吧。"

阿依达举起了一块割好的兽皮，照着蒙可的脚比量了一下，不长不短，她非常满意自己的切割水平。"说得对，蒙可。可是打光了动物我们怎么办呢？所以呀，我们要是真的能找到'水晶草'就好了，那样我们就永远不会挨饿了！"

"动物打光了？"蒙可从来没有想过这样的事情，这么多动物，到处都是，会有打光的那一天吗？但对阿依达的想法他还是赞同的——"水晶草"可以循环生长，可以为族人提供源源不断的食物。虽然在提可多的煽动下，部落里很多人都不相信真的有"水晶草"，但蒙可相信，他的父亲赫达林也相信，因为他们一家都相信迈阿腾的智慧和远见。他们也相信雷吉特和女巫。

短尾猫一身精瘦的肉，几乎没有油脂可以被刮下来，所以阿依达把两块皮子擦干净，放进了"百宝囊"。"等找到一些油脂，我才能鞣制皮革，到时候再给你做靴子吧！"

★★★

① 红杉，又名海岸红杉、常青红杉、北美红杉、加利福尼亚红杉等。红杉主要分布于今天美国加利福尼亚州和俄勒冈州海拔 1 000 米以下、南北长 800 千米的狭长地带，在中国甘肃、云南、四川境内亦有分布。成熟的红杉高达 60 ～ 100 米，寿命也特别长。红杉树生长神速，成活率高，而且树皮厚，具有很强的避虫害和防火能力，所以被公认为是世界上最有价值的树种之一。

② 金花鼠的祖先可以追溯到数百万年以前。只要有大量的种子，有适于掘洞以保护它们不受众多捕食者伤害的土壤，金花鼠几乎可以在任何地方生活。金花鼠身上有 5 条特有的花纹，两颊内有两个富于弹性的袋子——颊袋，颊袋里可以装进七个橡子，它们就把食物存在颊袋里。当冬天临近的时候，在树下觅食的金花鼠就少了，它们越来越多地把时间消耗在自己的洞穴中。

③ 短尾猫是分布在北美洲的一种猫科动物，身长 65 ～ 105 厘米，体重 5.8 ～ 13.3 千克。毛皮呈灰色至褐色，面上有须，耳朵有黑毛，外表像中等身型的猞猁，四肢强劲有力，尾巴短而粗，尾巴上还点缀着一些深色的环状斑纹，尾尖黑色。短尾猫对环境的适应力非常强，它们属于杂食动物，以能捕到的任何动物为食。

④ 白靴兔，又名雪鞋兔，是生活在北美洲的一种野兔。由于它们的后脚很大，故被名为"白靴"。它们的大脚可以防止在行走或跳跃时陷入雪中，而脚底下有毛可以保温。它们的毛在夏天时是锈褐色的，到了冬天时就会转变为白色。

第二节

一片美丽的湖水呈现在眼前，宛如明镜一般，清晰地映衬着蓝天和白云。此

时，阳光照在湖面上，仿佛给湖水铺上了一层闪闪发光的水晶石。阿依达欢呼着，脱下皮靴子塞进"百宝囊"中，舒张双臂跳进了湖里——她要游到对岸去。蒙可却不能有这样的兴致——灰狼虽然也能泅水，但是它们极讨厌下水，所以加尔琪咬着蒙可的裤脚，拉拽着他，生怕他也"扑通"下去。蒙可观望了一下四周，湖的面积不小，但是仍然可以绕过去。他喊了一声"加尔琪"，然后撒腿就跑。加尔琪紧紧跟着他，它现在已经和蒙可很熟了，对他几乎和阿依达一样亲近。

阿依达像条快活的鱼儿，摆动双臂，一口气游到了对岸。她甩了甩湿漉漉的长发，观望着湖边的景象。不远处有一片高大的云杉林，笔直挺拔，像一排排卫士一样守卫在湖边。一簇簇淡黄色的灯芯草生长在岸边，点缀着这片湛蓝的湖水。真是个美丽的地方！阿依达把靴子掏出来穿上，想沿着湖边去和蒙可会合。

突然间，她听到了一种奇怪的响声。她循声望去，登时吓了一大跳：树林边一棵云杉树上，靠着一个小男孩，看样子只有五六岁，双手不知捧着什么东西，眼睛里却显露出异常惊恐的神色。他的眼泪已经在悄悄地往下流，但还只是咧着嘴，不敢发出一点儿哭声。

阿依达确定他一定是遇到了什么危险。她把腰间的飞石索抽了出来，扣上石头，蹑手蹑脚地走了过去。天啊！在不远处的草地上盘着一条黄绿色的蛇，蛇的背部有菱形的黑褐斑，最奇特的是蛇尾巴末端，有一段半透明的管状物[1]。蓦地，蛇尾巴迅速地摆动起来，那段管状物发出了"嘎啦嘎啦"的声响。

阿依达紧张极了，她不敢打出飞石，因为不知道朝哪里下手。蛇的眼睛太小，明显打不到；蛇嘴又闭着，只是蛇芯子会时不时地吐出来，那里也不是攻击的目标；蛇身体上有鳞片保护，石头恐怕不能对它造成致命伤害。一旦打不死它，小男孩就更危险了！

阿依达屏住了呼吸，生怕惊动那条蛇。她听乌格讲过，蛇是邪恶的动物，

它们的牙齿上布满了剧毒，即便是比它们身体大上几十倍的动物，如果被它们咬过，也会毒发身亡。但是，她也不能不管这个小男孩呀，该怎么办好呢？

加尔琪的叫声已经隐隐地传过来，阿依达渴望着蒙可的出现，他是经验丰富的猎手，一定会有更好的办法对付毒蛇。然而，她也害怕加尔琪和蒙可奔跑的声响会惊动了毒蛇。果然，就在这个时候，毒蛇突然发起了攻击，小男孩终于"哇"地哭出声来。来不及多想了，阿依达手中的飞石打了出去，却因为蛇的快速运动，石头并没有打中毒蛇。她心中一惊，看来那孩子凶多吉少了！但她很快就意外地发现，那条蛇并不是冲着小男孩发动攻击，它那丑陋的嘴张得大大的，扑向了男孩左前方的草丛里。

"扑簌簌"一阵声响，一只灰色的小动物从草丛中蹿了出来，机敏地躲过了蛇的致命一击。随即，它跳上蛇背，尖利的长爪抓住了蛇身，尖嘴狠命地咬了下去。这只动物有半米长，脸部黑白相间，前爪长而锋利，后爪较短，它是一只美洲獾。负痛的毒蛇扭曲着身子，想要缠住獾，但是獾却极为灵巧，纵身一跃，躲开了蛇的攻击，又迅速地向蛇的尾巴抓去。蛇被激怒了，它的前半身竖起来，颈部膨大，发出了"呼呼"的声音，和尾巴后面的"呜呜"声相互呼应。它一次次地把头伸向獾，想一口把它咬住，但獾躲得极快，不但使蛇的攻击无功而返，而且总能找到机会用尖牙利爪来伤害对手。几个回合过后，这条毒蛇已经伤痕累累，它的攻击速度越来越慢。等到它筋疲力尽了，獾又一次蹿到它身后，出其不意地一口咬住它的脖子，蛇的身子不停地痛苦地扭动着，最后停止了挣扎，也停止了呼吸。

就在这场蛇獾大战正酣之时，阿依达早把那个孩子抱了起来。蒙可也赶了过来，他看到的只是结局：赢得最终胜利的美洲獾意识到周围有危险，叼着蛇跑进了树林，蒙可只看到了它的背影和那段半透明的蛇尾巴。"是响尾蛇！"蒙可看了一眼刚刚脱离危险的孩子，"这孩子可真幸运！响尾蛇的毒性很大，

如果被它咬上一口，他就看不到太阳落山了！"

他们重新打量眼前的男孩。和苍鹰部落的男孩子有点儿不同，他的额头较宽，鼻梁却相对扁平。他显然惊魂未定，正用疑虑的眼神看着眼前的陌生人，同时也对跟上来的加尔琪表现出了恐惧。他的双手仍然小心翼翼地捧着什么东西，不知道是找着了什么好吃的或者好玩的。

阿依达和他说了几句话，问他叫什么，是哪个部落的人，但男孩显然听不懂。阿依达指着自己，一个字一个字地说："阿……依……达……阿……依……达……"

一连说了好几遍，男孩终于发声了："阿……奇……卡……"

阿依达高兴极了，因为他的发音虽然和她有区别，但毕竟已能听得出大概来。她不厌其烦，继续教着，直到男孩正确地叫出了她的名字："阿……依……达。"

阿依达笑着点头，又纠正了男孩两遍，接着又指了指男孩，问他叫什么？男孩这回显然是领悟了："敖尔然。"

阿依达叫了两遍，看到男孩也点头了，知道自己也叫对了。蒙可提醒阿依达，他们该出发了。阿依达还想把敖尔然送回家去，但蒙可却不同意。他们不知道敖尔然来自于哪个部落，如果对方抱有敌意，他们将陷入危险。况且，谁会接待两个带着一只灰狼上路的人呢。

阿依达虽然有些担心敖尔然，但她知道蒙可说的也是事实，她比画了两下，让男孩自己回家。敖尔然却向她伸出了手，阿依达看到他的手掌张开了，惊讶得睁大了眼睛。天啊！这是一只什么样的小精灵啊！

敖尔然手中竟然有一只大耳蝠②。这种世界上最小的哺乳动物体长仅有 4 厘米，体重仅有 5 克左右。它的头颅扁平，脚上还有钩爪，真是小巧玲珑，让人爱不释手——刚才敖尔然就是为了捉到它，才陷入了危险之中。

"是送给我的吗？"看到敖尔然点了头，阿依达把小动物接过来，捧在手

心里端详了一会儿。它的鼻子不停地嗅来嗅去，显然是饿了。阿依达把它轻轻放在了地上，看着它爬进了草丛。她摸了摸敖尔然的脑袋："你的礼物让我很开心，但是它该回家了，它饿了，我们可没东西喂它啊。"

看到敖尔然似懂非懂的样子，阿依达又教他学会了"回家"这个词。等阿依达再想转身离开的时候，敖尔然突然指着眼前这片湖水说："克洛维斯湖。"

他的声音不大，却让蒙可和阿依达的心头为之一震。他们不约而同地停下了脚步，互相对视一眼，看到对方的眼睛里都有一种说不出来的喜悦。蒙可回身抓住了男孩的胳膊，眼睛瞪得圆圆的："你说什么，这是什么湖？"

敖尔然被吓坏了，他紧张得说不出一个字。阿依达却笑着俯下身来："蒙可，你松开手，你把他抓疼了。敖尔然，你刚才说，这是克洛维斯湖吗？"

敖尔然点了点头，阿依达欢快地说："我们想和你一起回家……回家……可以吗？"

① 响尾蛇的尾巴尖儿长着一种角质链状环，并且围成了一个空腔，角质膜又把空腔隔成两个环状空泡，仿佛是两个空气振荡器。当响尾蛇不断摇动尾巴的时候，空泡内形成了一股气流，一进一出地来回振荡，空泡就发出了"嘎啦嘎啦"的声音。这种声音的作用有两个：一是为觅食。模拟出水流的声音，吸引口渴的小动物。二是为逃生。摆动发出声音时，可以让敌人误以为其尾巴为头部，而真正的头部却掉过去准备逃跑。

② 大耳猬等食虫类哺乳动物，似乎是"不起眼"的小动物，但早在中生代上白垩纪时就已出现了。它们是有胎盘类哺乳动物中最原始和最古老的一支，在兽类的进化史中起过举足轻重的作用，是大多数比较高级的哺乳动物类群的祖先。特别是包括人类在内的灵长目动物、世界上种类和数量最多的啮齿目动物和能在空中飞行的蝙蝠等翼手目动物等在内，都是先后从早期的食虫类哺乳动物直接分化出来的。

第三节

克洛维斯部落的晨达旭在半路上碰到了敖尔然。此前他四处寻找，几乎要绝望了。他对救了他儿子的蒙可和阿依达做着手势，表示了衷心的感谢，并且真诚地欢迎他们到部落里做客。让阿依达感到高兴的是，晨达旭并没有过分反感加尔琪，只是好奇地看了看。为了打消对方的戒备心理，蒙可做着友好的手势，并且反复提到"迈阿腾"和"奇尔达策"的名字。晨达旭显然听懂了，他重复了两回，显得更加亲热了，说了一串他们听不懂的话，但话里面提到了"迈阿腾"和"奇尔达策"。

一行人经过一座海拔不高的山，山头上生长着高大的云杉，山坡下却是青一色的草地。阿依达几乎就要惊叫起来，天啊！是猛犸吗？原来山脚下的草地上，几头大象正在悠闲地吃草，看到他们经过，并不回避，晨达旭好像还叫了几个名字，像是在跟它们打招呼。蒙可惊讶地看着眼前的一切，看来人与野兽的友好相处，并非只有阿依达能做到。他观察到，眼前的大象比猛犸要小一些，晨达旭指着象群说了一个名字，但发音很含糊，蒙可并没有听清楚。

沿着一条小路走了一会儿，他们发现半山腰上有几十座奇怪的建筑。走近了才看清楚，那是一座座用树木搭建起来的小屋①。用云杉做房架，下面固定妥当，上面铺上动物的皮毛，门口还有兽皮遮挡。

他们不住山洞吗？阿依达和蒙可面面相觑。看来，只有见到奇尔达策或者迈阿腾，他们才能解开这些疑问。一想到即将与迈阿腾相见，两个少年的内心都充满了激动。

木屋的周围，有一些人在劳动，有的在织晒渔网，有的在鞣制皮具。这些人和晨达旭一样，皮肤都呈棕红色，都长着黑且直的长发，男人们的身高都比蒙可要矮，

而且他们的胡须并不重。

　　大家对晨达旭领来的两个陌生人产生了浓厚的兴趣。但是他们看到客人后面跟着的灰狼时，不由自主地都戒备起来，有个男人抓起了手边的武器走了过来。晨达旭叫了声"阳谷孟"，上去和他说了几句。听完晨达旭的解释，那个男人的脸色缓和了下来，他回头喊了几声，那些好奇的人都聚拢了过来。他们盯着蒙可和阿依达，盯得女孩羞涩起来。这时候，一个女人从人群外面挤进来，一把抱住敖尔然，哭喊了几句，又把他左看右看，确定他平安无事时，女人这才破涕为笑。显然，她是敖尔然的母亲。

　　晨达旭继续向大家解释着，大家的态度变得更加友好起来，那个女人更是亲热地对蒙可和阿依达说了一堆话。蒙可感受到了这群人的热情和友好，他觉得苍鹰部落的人很少这样热情，虽然大家也有爱心，但多数是不外露的。他也感受到了阿依达的不自然，显然她也不太适应这种亲热的氛围。出于礼貌，蒙可只能含笑点头，偶尔冒出几句别人也听不懂的话。

　　好在晨达旭没有忘记他们的来意。他和两个男人交流了几句，然后回过头来，说了迈阿腾的名字，摊开双手，一脸失望。蒙可和阿依达对视一眼，他们预感到不妙，难道迈阿腾不在这里吗？紧接着，晨达旭又说了奇尔达策，然后示意他们跟上他。

　　晨达旭把两个人领进一间木屋子，他掀开兽皮门帘，请客人们进去。蒙可好奇地观察着：地上有一个火堆，在火堆上方的屋顶上，有一个方方正正的洞，冒上来的烟气正好通过这个洞排出去。火堆的旁边，摆放着一个石质的容器，里面正冒着热气，一股谷物的香味飘了出来。作为石器高手赫达林的儿子，蒙可对这个容器特别感兴趣，他认为必须是非常高明的匠人，才能打磨出这么精致的石器。

　　再往里走，有几个土包，上面铺着干草，最里面是一张比较大的床——下面堆满了芦苇和灯芯草，上面铺了一整张的鹿皮，显然是张舒适的床。晨达旭走到

床边，弯下腰，向躺在床上的人说了些什么。床上的人伸出手来，晨达旭赶紧过去把他扶了起来。

这是一位老人，头发全白了，脸上沟壑纵横，张嘴说话时，嘴里的牙齿七零八落的。"我就是奇尔达策，苍鹰部落的孩子们……欢迎你们来到克洛维斯湖。巴汗——我的老朋友还好吗？雷吉特好吗？"

蒙可和阿依达吃了一惊，奇尔达策居然老成了这样！但他们相信眼前的一切，因为奇尔达策的话他们都听懂了。他们赶紧过去，手抚胸前，蒙可用苍鹰部落的礼节向老人表达了问候："我叫蒙可，她叫阿依达。"

"哦，孩子们，你们坐下来……慢慢说。晨达旭，你把我的粥端过来，也给客人们盛两碗。"

阿依达和蒙可每人面前摆了一石碗热气腾腾的粥。"我的牙没有几颗了，肉是嚼不动了，现在只能吃这些东西了！"奇尔达策请客人们品尝粥的味道。他又看到加尔琪依偎在阿依达的腿边，眼睛盯着她的粥碗，小声地哼哼着，老人惊讶了："这只狼也要吃粥？"

阿依达愉快地说："当然了，不过它最喜欢吃的还是烤熟的肉，可是如果没有肉，它连菜汤都喝。"

奇尔达策招呼晨达旭，赶紧给这个灰狼客人撕一些熟肉来。看到灰狼吃着香喷喷的肉，老人微笑着说："阿依达，看来你要创造奇迹了！你们部落里的人都很聪明，迈阿腾前几年曾经试着驯养羚羊，但是失败了。羚羊胆子小，一被关起来就不停地撞栏杆，直到撞死。他还养过几只高山山羊，那倒是活了几个月，只可惜部落里食物短缺，最后只得把羊吃了。我想：他如果知道你能驯养灰狼，一定会对你赞不绝口的！"②

阿依达被老人夸得不好意思。她低头喝了几口粥，味道很是香甜。蒙可没有喝粥，却对那个石碗表现出浓厚的兴趣。奇尔达策端详着他，努力回忆着："我记得……你们部落里也有一位石器高手，叫……"

蒙可回答："那是我的父亲赫达林。"

奇尔达策猛然间想起来了："对！对！我还记得他有个高大的女人，怪不得你长得这么高大，你的脸也像那个女人。这女孩……"

蒙可急忙把阿依达的来历介绍了一番。奇尔达策听说雷吉特已经去世，不由得露出了伤感的神色："迈阿腾听了一定会很伤心，他时常提起，雷吉特是最具智慧的接班人。唉，为了寻找'水晶草'的种子，这些年我陪着他东奔西走，已经老迈不堪了！"老人伤感地擦了一下眼角，他指着晨达旭说，"他可是我们部落中最伟大的石匠，明天你去看看他做的兵器吧，足以刺穿猛犸的厚皮。"

猛犸？阿依达想起了那些大象："你是指山下的那群大象吗？"

"不！"奇尔达策微笑起来，"你们看到的是乳齿象③。它们也有厚厚的皮毛，也有弯弯的牙，也能在高寒地区生活，但它们比猛犸要小得多。"

"那你们也猎杀猛犸吗？"阿依达希望得到否定的答案。

奇尔达策望着她的眼睛，好半天才说："我知道你们苍鹰部落的誓言，你们不会猎杀猛犸。但是克洛维斯人的祖先是从遥远的北方迁徙到这里的，绝大多数人倒在了冰天雪地里。为了生存下去，有些时候是无法选择的。"老人的眼神中透着悲哀，似乎又重新回到了那段残酷的迁徙旅程④。

老人回忆了那段痛苦的历程，看到客人的神色有些凝重，就转变了话题："我们的首领洪尔古齐也是个有大智慧的人，他和迈阿腾一见如故。他们都意识到，貘、猛犸、树懒、大黑熊的数量每年都在减少，但是，人总要活下去，就得有食物来填充肚皮，除非能找到可以再生的食物，就像'水晶草'。如果种植成功的话，植物能反复生长，食物源源不断，就不用去猎杀其他动物了。"

阿依达感受到了老人的伤感，她对克洛维斯人猎杀猛犸的反感情绪也稍稍减弱了一点儿。老人又叹了口气："就在两年前，我们还生活在东南面的夏湖附近⑤，

我们拥有好几座宽敞的山洞，但是发生了可怕的地震，有的山洞坍塌了。幸亏当时正是白天，大家都在洞外劳作，所以大多数人活了下来。那段时间大大小小的地震不断，我们不敢再进山洞，就在这个山坡上造了木屋。"

"那迈阿腾到底在哪里？那场地震，有没有伤到他？"蒙可问。

奇尔达策有点儿咳嗽："咳咳……蒙可，你不用担心，他活得好好的。他把我拖累老了，他倒像个年轻人一样，他还能跨越江河，也能翻越高山。而且他已经找到了'水晶草'！"

"真的！'水晶草'找到了！"

阿依达和蒙可不约而同地站了起来，他们几乎不敢相信自己的耳朵。

① 新石器时代，大约是一万年前，已经学会生产粮食的原始人，开始盖房定居。

人类走出洞穴，住进房屋，意义重大而深远：结束了长期迁徙的生活，有更多时间进行生产劳动，为种族繁衍、农牧业生产创造了更好的条件；聚居人数的增多，促进了同氏族的联盟团结，为聚落的出现奠定了基础；定居下来的氏族容易受到异族的入侵掠夺，在战争过程中俘虏奴隶，客观上促进了生产经验的交流，发展了生产力；定居的人类改造了周边的生态环境，同时驯化了一些牲畜，如马、狗等，使人类作为万物之灵的地位逐渐凸现出来。

② 研究发现，克洛维斯人猎食猛犸、古风野牛、地懒、貘、古代羊、马及其他更小的动物，其中一些动物曾被他们所驯养。

③ 美洲乳齿象是北美最常见的长鼻类动物之一。和披毛的猛犸象一样，它们也是属于适应了寒冷气候的动物，身体上覆盖着厚厚的一层粗毛。乳齿象比猛犸略小，头很长，但抬不高。它们有一对粗大上弯的门齿，成群地在云杉林中吃草。其化石广泛分布在阿拉斯加至新英格兰，以及美国的科罗拉多州至加利福尼亚州南部。

④ 在冰河时代末期，北半球大半地区都被冰雪覆盖，食物的短缺使人类和动物都面临着灭顶之灾。那时候的海平面比现在低得多，如今的大片海洋在当时都是陆地。亚洲大陆和美洲大陆是由陆桥连接在一起的，这座陆桥就位于现在连接西伯利亚和

阿拉斯加的白令海峡。为了生存下去，克洛维斯人被迫随着乳齿象、野牛、驯鹿等一起迁徙。他们历经磨难，九死一生，这是人类迁徙史上一曲悲壮的挽歌——最终到达美洲大陆的，只剩下了为数不多的身强体壮的年轻人。在美洲生活了一段时间后，全球气候急剧变暖，冰川开始融化，海平面大幅度回升，淹没了通往亚洲的大陆架，他们没有退路了，就在美洲扎根下来，繁衍后代。克洛维斯人一度被认为是美洲最早的原住民，不过随着更多新证据的出现，这一说法已经受到质疑。

⑤ 今天美国俄勒冈州夏湖的佩斯利洞窟有克洛维斯人生活过的足迹。

✦ 第四节 ✦

阿依达和蒙可住进了克洛维斯人的木房子①里。

据奇尔达策说，迈阿腾早就寻找到了"水晶草"。这两年他一直在花时间培植它，去年秋天，他成功收获。他已经掌握了种植方法，原准备返回猛犸河谷，可是不久前，西北方向似乎发生了什么变故，大量的动物涌到这边来，而此时又不是动物迁徙的季节。这种反常现象让洪尔古齐担心，他害怕会有更大的灾祸，会影响到部落的安全，于是带着几个人去西北方观察，迈阿腾就在其中。

"你们不要去找，那里地域广阔，无处可寻。你们耐心等待，我估摸着，这几天应该回来了……"老人的话让两个年轻人心中充满了希望。他们历经千辛万苦，终于找到了迈阿腾的下落，终于看到了挽救部落的希望，他们紧张的心终于松弛下来。

阿依达睡了一个香甜无比的好觉，等她醒来时，天已经大亮了。她没看到蒙可，便带着加尔琪四处寻找。一路上不断有人向她打着招呼，她也报以礼貌的微笑。

蒙可正在晨达旭的木屋前。他们经过奇尔达策的指点，已经能做一些简单的交流。在他们脚下，是一堆灰色的燧石。这种燧石质密、坚硬，敲碎后就会形成

贝壳状的断口，一向是人类打造石器的最理想原料。晨达旭已经敲碎了一块燧石，选了一块合适的材料，他提起石锤，轻轻敲击着燧石的边缘。他手法纯熟，很快，一枚枪尖就成形了。晨达旭又开始把枪尖翻过来掉过去，来回敲击每一面的边缘。蒙可惊讶地看着晨达旭这样反复敲击，一个带有凹槽的双面枪头②终于做成了。

这种用"双面敲击剥离法"制成的枪头，是克洛维斯人的顶级武器。它锋利无比，可以轻易刺穿猎物的皮毛，直透骨骼，造成猎物的大面积出血。蒙可带着敬佩的目光，欣赏着这枚锋利的枪头，用手试了试枪尖的边缘，感受到了它的威力。好半天，他才回过神来，这时，他发现阿依达正在和晨达旭打招呼。晨达旭从腰间的皮袋里翻出一串项链来，是由许多洁白光滑的小珠子穿成的。蒙可说，这串珠子是用乳齿象的牙齿雕刻出来的，是件了不起的艺术品。晨达旭要送给阿伊达，以感谢她救了敖尔然。蒙可看阿依达的脸色有点不自然，又解释了一下，由于克洛维斯人的祖先曾经和乳齿象一起迁徙，所以他们也从不猎杀乳齿象，这是他们用捡到的象牙雕刻成的。

阿依达这才接过项链，她感受着珠子的圆润光泽，不由得爱不释手。看她把项链挂在了脖子上，蒙可猛然间想起了什么，他在皮袋里掏了半天，终于在曾经包着黑麦角的皮子里翻出了那串捡来的兽牙项链。阿依达一看就惊呆了，她以为永远遗失了这串项链，为此她还深深自责过，这毕竟是母亲留下来的唯一物品。她向蒙可道了谢，蓦地，她想起了自己包里的黑色枪头，父亲临死的时候还攥着这枚枪头，也许是蒙可献给父亲的陪葬品吧。自己当时悲伤过度，稀里糊涂地把枪头抓在了手里，现在也应该还给他了。

看到她掏出的枪头，晨达旭非常感兴趣，他接过来看了看，做工也是非常精致，而且还在火上煅烧过，使枪头变得更加锋利。蒙可端详了片刻，他认出这是父亲的手艺，但自己从来没用过火烧过的枪头，整个部落里只有提可多使用这种用火烧过的燧石枪头。

　　"不是你的？是提可多的？"阿依达惊讶极了，"如果是他的枪头，那怎么会在我父亲的手里？难道……他们可是一起出去狩猎的！"

　　蒙可的心乱成了一团麻，乌格曾经告诉过他，雷吉特的死亡应该和提可多有关。但乌格担心阿依达报仇心切，她毕竟还只是个孩子，怎么可能是阴险狡诈的提可多的对手。但现在他看到阿依达满脸焦灼，看那样子急于想知道答案，他再也隐瞒不下去了，便把女巫的话转告给了阿依达。从先前提可多和雷吉特的矛盾，到雷吉特死亡后提可多的过分"悲伤"和反常表现，再到对阿依达的赶尽杀绝……

　　当所有线索串连起来后，阿依达震惊了。但她还是没有流泪，她的眼中只有怒火。刚到部落的时候，她虽然感受到了提可多的蛮横冷漠，但她绝对想不到提可多居然会对雷吉特下毒手。父亲的仁厚、提可多的歹毒不停地在脑海里浮现，仇恨的火焰灼痛了她的胸膛。她再也按捺不住了，抓住了蒙可的胳膊："乌格让我冷静，可我怎么能冷静？蒙可，我要去找迈阿腾，我要和他马上赶回猛犸河谷，我要为雷吉特报仇！我还要去保护埃塔，提可多是不会放过它们的！"

　　蒙可深深感受到了阿依达的悲痛，他对提可多杀害雷吉特的行为也是深恶痛绝。可他毕竟年长，他总要把事情考虑周到："阿依达，你先冷静！奇尔达策说了，迈阿腾他们去的西北方向，地域广阔无比，我们不知道该到哪里去寻找他们。如果走到了西海岸，我们可能会遇到更大的危险，也许还会错过与迈阿腾的会面！"

　　阿依达松开了手，脸上露出了失望的神色："蒙可，你怕危险吗？你是怕提可多吧？"

　　蒙可的脸涨红了，他觉得自己受到了羞辱。他抛弃了部落，远离了家人，跋山涉水，难道阿依达还没感受到自己的勇敢吗？他只是希望冲动的阿依达能冷静下来，毕竟有更严峻的挑战在等着他们。

可是阿依达却不想再听他的解释，转身跑开了。蒙可正在气头上，也没有喊她。晨达旭不知道他们在说什么，但看得出两个年轻人之间发生了一点儿矛盾。他已经把双面枪尖嵌在木杆上，然后把这件克洛维斯风格的锋利武器送给了蒙可。蒙可木然地道了谢，他的怒火渐渐平息了，转而变成了对阿依达的担心。

"晨达旭，带我去见奇尔达策，现在，要快……"

晨达旭愣了一下，不知道蒙可为什么会这么急切，但他还是放下了手中的工具。

见到奇尔达策，蒙可说了缘由，奇尔达策让晨达旭去把阿依达叫来。他接着对蒙可说："前几次的地震，大地开裂，地层中的很多油都冒出了地面。太可怕了，蒙可！当这些油干涸后，在太阳照射下会变软，无论什么东西接触到它，哪怕只是一片树叶，就永远地陷在其中了。对，无论什么！如果赶上雨天，那些大大小小的油坑③更是动物的地狱。很多动物看到地面上的积水，就会去喝，等发现是个陷阱的时候，已经挣扎不出来了。越挣扎陷得越深，体重越大陷得越快。洪尔古齐他们之所以去了这么久，就是因为他们要小心谨慎地探索着前进。你和阿依达不熟悉地形，还是不要去冒险了！年轻人有勇气是值得赞许的，但是你们更要珍惜自己的生命，因为你们将要为挽救族人的命运而战！"

蒙可听了，觉得自己应该去说服阿依达不要拿生命去冒险。虽然他刚才被她气得不轻，但是就这么一会儿工夫，他已经完全不在乎她说什么了，脑子里涌起的全是保护她的念头。

"奇尔达策！"晨达旭急匆匆地跑过来，说了几句话，蒙可听得半懂不懂，但他已经意识到事情不妙。果然，奇尔达策急剧地咳嗽了几声，边咳边说："蒙可……你的同伴……已经不辞而别，她随时都会面临巨大的危险，你准备出发吧——晨达旭，你叫上阳谷孟，他了解那边的地形，再找两个有经验的猎手，你们要陪着蒙可去向西北方寻找！"

蒙可忽地站了起来，他的怒火又被点燃了：阿依达，你怎么能这么冲动！

① 阿依达和蒙可住的是世界上最早的村落。当人类的武器越来越先进，猎杀动物便变得容易，再加上对一些农作物进行培植，使得人类的生活质量有所提高，人口数量大大增加了。人类逐渐地走出了山洞，开始搭建木屋、石屋，渐渐地形成了最原始的村落。

② 1933 年，在美国新墨西哥州早已干涸的克洛维斯湖中，发现了一支十分独特的古代矛尖，稍后它被命名为"克洛维斯矛尖"。使用这种武器的克洛维斯人可以轻而易举地杀死美洲大陆上最强大的巨兽，足见这种武器的锋利和先进。

③ 著名的拉布雷亚沥青坑，位于当今美国加利福尼亚州洛杉矶境内，是世界上最不寻常的化石遗址之一。这个地区被认为是世界上骨化石蕴藏最丰富的地方，也是研究远古动物最有价值的地方之一。科学家已在该地区发现并鉴定出 650 余种以上的动物和植物，化石种类小到昆虫，大到比大象更大的生物。

第五节

阿依达在全力奔跑，加尔琪紧紧跟在她后面。"只有这小东西对我忠诚！"阿依达伤心地想。这一路上，她感念着蒙可的真诚和友情，充分信任着蒙可，可是这次，仇恨冲昏了她的头脑，她已经容不得任何阻拦自己的理由。我一定要找到迈阿腾，如果找不到他，我就自己返回猛犸河谷，揭穿提可多的丑恶嘴脸，为雷吉特报仇！阿依达心中燃起了熊熊烈火，刺激着她不知疲惫地狂奔着，加尔琪几乎跟不上她的步伐，累得气喘吁吁。

不知道过了多久，她终于支撑不住了，一头栽倒在草地上，大口大口地喘着粗气。她感觉加尔琪也跟了上来，伏在她的身边，呼吸的声音也很急促。阿依

达有点自责，体力的消耗殆尽让她恢复了理智。她抬头看了看即将西落的太阳，证实了自己奔跑的方向没有错，只是这一片大草原实在是无边无际，在这广阔无垠的天地里，人就像一只小小的虫蚁，真不知道遇上迈阿腾的可能性有多大。头脑冷静下来后，阿依达有点懊悔对蒙可的伤害了，她想起了蒙可为自己所负的伤——手上还留着一块难看的疤；所做的牺牲——成了部落的背叛者，伴着她走过不毛之地，和她出生入死，并肩战斗，多少次充当了她的保护神……阿依达感到惭愧和后悔了。

等到体力有所恢复，阿依达站起身来，她得收集木材，钻木取火。在这陌生的环境中过夜，不知道会遇到什么动物。火堆燃起来后，阿依达觉得干柴有点儿少，她往前方的树林中走去，准备再收集一些树枝。突然，灌木丛里一条长长的尾巴一晃，吓了她一跳。她用手一摸，不好，由于疏忽，飞石索竟然落在了火堆旁边。她无暇多想，顺手从地上捡起一块尖尖的石头，用力砸过去。

由于长期使用飞石索，使她的臂力和打击准确度都很出色，一只小动物应声而倒，原来是一只长尾鼬。阿依达十分意外，看来她是被响尾蛇吓怕了，所以看到长尾巴就过于紧张。她一向不喜欢鼬的臭腺，但是却钟爱鼬的皮毛，毛丝细密，底绒丰厚。她记得自己的"百宝囊"里还有一张鼬皮，加上这一张，可以给蒙可做一副温暖的手套。

夜色变深了，阿依达感觉到了孤单。虽然她曾经一个人在山头的石屋里住过一段时间，但山脚下就有她的父亲，有她的族人，总算还有所依靠。而在最近这段时间里，她已经习惯了蒙可的陪伴，现在冷不丁一个人在黑暗中独处，就有了失落感。她把身子往加尔琪的身上靠了靠："还是你对我忠心，加尔琪！"阿依达再次重复了这一句。

天亮的时候，阿依达准备上路了。看到加尔琪还有点磨蹭的样子，就骂了它

一句："加尔琪，别这么没出息，蒙可不会来了！我们离开他，一样能找到迈阿腾，不是吗？"

阿依达继续奔跑。三天以后的中午时分，她穿越了一片灌木丛，又穿越了一片桦树林。在林子的边缘，她歇了歇脚，眼前便是一马平川的平原，正适合她加速奔跑。她喝了口水，准备迈开大步时，一支投枪斜斜地飞过来，扎在了她前方的草地上。虽然相距还远，但阿依达也吃了一惊，她飞快地抓起了投石索，扣上了石头。

树林的左边跳出来几个男人，个个手持明晃晃的投枪，慢慢向阿依达走过来，显然也在防备着她的攻击。一个男人打了个手势，说了几句阿依达听不懂的话。加尔琪意识到了危险，慌乱地叫了几声。它的叫声让那些男人更紧张了，有人甚至已经瞄准了加尔琪，只是因为看到眼前的女孩和灰狼挨得很近，他们感觉到奇怪，所以才没急着进攻。

阿依达万分紧张，她一个人是对付不了这么多男人的，如果逃跑，那么加尔琪很可能就会成为他们猎杀的目标。她叫着"加尔琪快跑"，但是这只小狼却难得地表现出了忠诚，虽不敢主动进攻，却也没有马上离开她。

就在那些男人即将靠近阿依达的时候，一阵脚步声传来，一个高大的身影奔过来挡在了阿依达身前。他的眼睛瞪得圆圆的，好似燃烧着火焰，手中的矛枪对准了敌人，随时就能投掷出去。阿依达喜出望外："蒙可！"这下她不怕了，她又可以和蒙可并肩作战了。

眼看着形势一触即发，那几个男人竟然停下了脚步，纷纷把投枪收了起来。他们指着蒙可的矛枪，咕哝了几句，又朝林子里喊了两声。蒙可感觉得到：他们的敌意竟然消失了！他也很奇怪，但不敢疏忽，仍然紧紧地攥着手中的枪。

树林里又走出来几个人，其中一个人身材不高，胖胖的，一颗圆溜溜的脑袋上，长着两道几乎连在一起的浓眉。他过来看了看蒙可，又看了看他的枪，说了两句话。

看蒙可没听懂,又换了另一种语言,他第三次更换的竟然是苍鹰部落的语言:"你……怎么有我们的矛枪?"

蒙可心中一动,难道他们就是……他急忙回答:"我们是苍鹰部落的人,刚从克洛维斯湖来,这枪是晨达旭送给我的。"

"苍鹰部落!"胖子笑了起来,他伸出了手,"迈阿腾的族人,我是克洛维斯的洪尔古齐。"

神明保佑,可算是找到了!蒙可激动地放下了枪,洪尔古齐拍拍他的肩,向他表示友好。又把手伸向阿依达,阿依达却生气地说:"他们为什么攻击我?迈阿腾在哪儿?"

"哦,"洪尔古齐收回了手,指了指不远处那支插在地上的投枪说,"你误会米哈良了,他们没有攻击你,是要保护你。"

"保护?"阿依达不相信,"用投枪来保护吗?"

洪尔古齐回身说了几句,后面的几个男人都笑了起来。洪尔古齐回头说:"他们都说自己好心办了坏事——那个方向你不能去,那里有个巨大的油坑,一旦陷进去,就再也出不来了!"

"油坑?"阿依达还是第一次听到这个名词。蒙可却早已经知道了,他就是为了这个,所以才来不及等晨达旭他们做好准备,便不顾一切地追了上来。神明保佑,总算是让他看到了阿依达依然平平安安。他毫不怀疑洪尔古齐的解释,正要和阿依达详细说明情况,耳边却传来了一声巨吼。

"昂——"

什么声音?大家全都戒备起来。一头体形庞大的巨兽从前方的树林中走了出来,这是一头巨爪地懒①。它已经受了伤,边走边发出痛苦的叫声,因为它的后背上牢牢地"嵌"着一只剑齿虎,尾巴上还"挂"着一只。剑齿虎轻易不敢招惹巨爪地懒,但是饿急了也难免会去冒一些风险,况且剑齿虎具有群体捕食的习性,

它们想通过突然袭击来咬断这头巨兽的喉咙。事实上剑齿虎的"战术"不算失败——雄虎跳上了正在享用树叶的巨爪地懒的后背，狠狠地咬住了它的后颈，但巨爪地懒后背皮下生有很多小骨片，这层"铠甲"过于坚固，竟然让剑齿虎的犬齿无法刺穿皮肉。地懒负痛，边走边摇晃身子和尾巴，希望把剑齿虎甩下来或者抽下来。这时候，另一只雌虎冲了上来，咬住了它的那条大尾巴。两只剑齿虎试图把地懒扯翻在地，但它们还是低估了地懒的强大力量。

双方正在纠缠不休时，巨爪地懒只觉得一只脚踏上了一处松软的地方。但它没有太多的思量，仍然迈出了另一只脚，同时尾巴甩得更厉害了。这一下力量很猛，紧紧咬住大尾巴的雌虎被甩落在了左前方。雌虎怒吼了一声，刚想重新扑上来，却发现四肢已经被粘住了。雌虎用力地挥动着前爪，好不容易抬高了一点，掌心居然带上了一片黑黑的焦油，却仍然摆脱不开。就这么一次次用力，它的两只后爪深深地陷了进去。

雌虎被油粘住了，巨爪地懒也遭遇了同样的情况，它的身子沉重，只挣扎了两下，两条巨腿就陷进去了一半。地懒双脚动弹不得，双臂却仍然在不停地挥舞。紧紧抓在地懒后背上的雄虎听到了雌虎的哀鸣，观察到了雌虎深深陷落在了黏黏的油中。它意识到了事情不妙，把嘴松开，此时若是往前跳跃，它的命运将和雌虎一样；若是背转身往后跳跃，这种高难的动作并非剑齿虎所长，况且它的四肢着力点还处在不停摇晃的地懒身上。眼看着地懒的身体越陷越深，雄虎爪上的力量也在不断减弱，它快抓不住了。它可不想和地懒一起陷进去，无奈之下，雄虎用力一按爪子，借着这股力量反身往回跳跃。但它只勉强跳到了右后侧，两只前爪顺利地搭着了实地，可是两只后爪却全部陷在了油中，那条虎尾更是"啪"的一声，砸在了油坑里，结结实实地粘上了，丝毫动弹不得。

看着眼前这同归于尽的惨烈局面，阿依达仍然心有余悸。刚才若不是米哈良他们及时发出警告，那么自己和加尔琪……她不敢再想了。巨爪地懒身体过重，

又加上用力过猛，转眼间已经陷没了上半身。那只雌虎只剩下哀鸣了，由于它不再挣扎，所以陷落的速度慢了下来。雄虎的境况也不妙，虽然它两只前爪用力地扣住了地面，但油的黏度不是它能摆脱的，陷落只是时间问题②。

克洛维斯的猎手们是得不到巨爪地懒和那只雌虎了，但油坑边的这只雄剑齿虎可是手到擒来的猎物。他们拿起投枪，边走边点击着地面，小心翼翼地靠过去。他们兴致勃勃地商量着，是合力把雄虎的尸体拽上来，还是只取上半身回去。

阿依达看到那两只剑齿虎，她不由得想起了命运和星辰，再也不忍心看下去了，转过了头。洪尔古齐高声叫着米哈良的名字，提醒他们小心行事。接着，他回过头来，问清楚了情况，然后摸着圆圆的脑袋说："你们不用寻找了，迈阿腾已经回去了。"

"回去了？"蒙可和阿依达面面相觑。

"是的，他走后月亮又圆了一次。"洪尔古齐招呼他们坐下，一边顺手收集了一些枯枝干叶，一边告诉他们，"我们发现动物们不同寻常的迁徙，就想过来看一下。原本迈阿腾一起要来的，可他思乡心切——所以，我们一起离开了部落，只是方向相反，我向西北，他向东面——他回去了。"

说罢，洪尔古齐从口袋里掏出两块发黑的石头，凑近树叶和干草，"啪啪"地撞击着，几点火星迸了出来，先是冒出了几股轻烟，随即迸出的火星点燃了干草。洪尔古齐又吹了几口，树枝也随之燃烧起来。

蒙可和阿依达看呆了，这是多么神奇的取火方式啊！洪尔古齐把石头递给他们："西北方的一座火山喷发了，那边到处是烧焦的动物尸体，好在离克洛维斯湖远，还威胁不到我们。喏，这些石头其实就是燧石，只是被火烧过了，所以撞击后能冒火星，我们用它们来取火，很方便！"

说完，洪尔古齐从皮袋里倒出一些燧石来，挑了几块递给蒙可："迈阿腾背了很多'水晶草'的种子，我又送了他不少乳齿象的玉石——就是这个女孩脖子

上挂的项链,我们叫它'玉石'——迈阿腾熟悉道路,腿脚也很快,但你们年轻,如果找对了方向,还是有希望追上他。带上我的礼物,你们出发吧!"

蒙可走过去,和洪尔古齐握了手,又互相拍了拍肩膀。他又拉起了阿依达的手,女孩和他相视一笑,他们都看到了对方眼神里洋溢着的温暖。两个人的心中更是充满了希望,他们仿佛看到了猛犸河谷里的灿烂阳光。

① 巨爪地懒,体长将近4米,体重大约1.5~2吨。它的头骨短而宽,有一个很深的、圆钝的口鼻部,相貌古怪。它长着粗壮的腿,后肢中央三趾上的爪子可以着地,这使它能够用整个后脚掌支撑身体重量。它的前肢长有巨大而弯曲的爪子,能够轻易地拉扯树枝,拔起灌木,也是有力的自卫武器。最奇特的是,它的身体后方拖着一条一米多长的粗壮尾巴,如此强壮的巨兽居然能够直立行走,这条尾巴起到了很关键的平衡作用。

② 一万年来,拉布雷亚沥青坑到底吞噬了多少飞禽走兽,至今也无人知晓。如今挖掘到的动物化石就已有100多吨。人们曾在一个约3立方米的沥青池里清理出550个恐狼的头骨,30件剑齿虎骨和若干野牛、西方马、响尾蛇等动物的化石。由此可以看出,这一带的化石种类和数量是如何惊人了。

第九章　生命之草

❧ 第一节 ❧

"猛犸小屋"在风雨中飘摇，辛布力的心也在风雨中煎熬。猎杀猛犸后的这段时间，他的日子实在是不好过。那座他曾经认为代表着至高荣誉的"猛犸小屋"，却让他吃尽了苦头。暴雨不停地下，猛犸河谷难得有晴朗的日子，山上的溪流纵横交错地倾泻下来，山下的洪水滔滔，整个河谷变成了水的世界。

苍鹰部落的人无法出去狩猎，由提可多策划猎到的那头猛犸早被腌成了肉干，贮存在山洞中，此时成了族人重要的食物来源。住在山坡石屋里的人，每天要到山洞里领取食物。负责分配食物的寒达篷的地位陡然提升，对恭维他的人，听从他指挥的人他都会给予足够的食物；对他看不顺眼的人，就总要克扣一些。德阿蓬为此和寒达篷发生了激烈的争吵，但赫达林把他劝开了：再吵下去不会有好果子吃，提可多不会公平地对待这些老猎手。

天气反常得出乎所有人的意料，雨水无休无止，连绵不绝。这种糟糕的天气使猎手们不得不整天闷在石屋里，但也使他们终于有时间、有机会主动地去接近以前没有时间接触的东西。有人在跟赫达林学做石器，有人在跟乌格学医术，还有人雕刻出了带花纹的骨器。德阿蓬在一根秃鹫的桡骨上钻出了七个孔，做成了一把骨笛，心情好的时候，他的石屋里总能发出"呜啦呜啦"的乐音。

文化生活丰富了起来，很多石屋的墙壁上都被用赭石粉画满了，这些都使人们的情绪得到了放松，即便是在阴雨连绵的日子里，他们也不会感到焦躁。

只有辛布力与众不同——他的屋子与众不同，他的生活也与众不同。

猛犸的皮毛虽然能遮挡风雨，但是靠近地面的地方却没有处理好，四处渗水。辛布力和浩尔岭自从搬进去，就一直生活在泥泞中。为此，他也想了一些办法，比如在小屋的四周垫了一些土。可是雨下起来没完没了，过几天那些土就变成了烂泥，水又开始不停地往里面渗。

看着可怜巴巴的浩尔岭，辛布力怀念起住在山洞里的日子，但他不敢向提可多提出要求。因为提可多的脾气越来越暴躁，有几次甚至将萨拉打得口吐鲜血。辛布力本想央求寒达篷帮帮忙，趁提可多高兴的时候替他说一说，但是寒达篷对他的"猛犸小屋"充满了妒意，只是幸灾乐祸地讽刺他，却从来不肯帮他说好话。

辛布力陷入了深深的苦闷中，他甚至羡慕起那些住在石屋里的人们，虽然大家分到的肉没有自己的多，但他们脸上经常挂着笑容。有时，他也会怀念雷吉特在的日子，雷吉特是那么无私地关心着大家，尤其对老年人和孩子们总是特别地照顾。族人不管有什么困难，都会向雷吉特提出来，而且总能得到帮助。但现在，大家像躲瘟神一样躲着提可多，连他和寒达篷也成了大家排斥的对象。孤独是最可怕的，辛布力现在就感受到了孤独的痛苦。尤其在暴风雨骤起的时候，他看到可怜的儿子，想生火又缺少干柴，房架上的猛犸皮毛早被雨水浸透了，变得无比沉重，吓得他经常不敢合眼，生怕一合眼房子就会坍塌下来。

赫达林得到的食物最少，一家三口人肯定吃不饱，但他从没有怨言，也许他知道抱怨也没有用。他只能让阿姆尽量多做些肉汤，多给孩子肉吃，他和妻子多喝汤。暂时不打猎了，他的石器用不上了，再加上蒙可的"叛逃"，让他们一家成了提可多的眼中钉，只是暂时没有找到对付他们的借口罢了。赫达林每次都是默默下山，领了食物再默默地回去，不敢和老朋友多说话，生怕连累大家。不过，

有一次他下山的时候，背着一些一头削得尖尖的短树干，来到"猛犸小屋"前，用石锤把短树干钉在了猛犸兽皮的边缘。等辛布力领了食物回来时，发现小屋已经多了一圈木桩，他感动得几乎流出眼泪来。那天晚上仍然下雨了，但小屋却没有渗水。浩尔岭开心地吃着烤肉，但辛布力食不甘味，肉块放进嘴里的时候，总是让他觉得喉咙发堵，咽不下去。

随着天气转凉，雨季终于过去，久违的阳光总算穿破了云层。最近一个多月以来，大家分配到的肉越来越少，很多人都在私下议论：食物可能快吃光了！如果是那样，族人可就危险了！这天早晨，赫达林起了个早，想去收集一些野菜和干柴，却在自己的石屋前发现了一包猛犸肉，他不知道是哪位好心人放在这儿的，难道是德阿蓬吗？下午的时候，他正巧遇上了上山砍柴的德阿蓬，德阿蓬却说不是他。

赫达林感受到了德阿蓬的忧郁，他指了指山脚下那条大河："不要太悲观了，老朋友！只要不下雨，河水就会退下去，到时候我们就能狩猎了。"

"先别得意，赫达林！"德阿蓬的眼神中依然透着忧郁，"我上山也是为了通知你，多准备干柴，睡觉的时候把石屋门口堵牢固些，有人发现了恐狼的足迹！"

"恐狼？"赫达林那只残疾的右眼眼皮剧烈地跳动着，那里还留有恐狼的抓痕。他至今也难以忘却那天晚上的血腥，如果雷吉特还活着，他是最擅长对付恐狼的，蒙可也不错，也曾经杀过很多恐狼。可是眼下，谁还能带领大家来渡过这个难关呢？想到这儿，赫达林不由得思念起儿子来，蒙可……你现在在哪儿呢？

第二节

恐狼的到来让苍鹰部落的人们惶恐不安，尤其是那些经历过上次暴风雪之夜山洞被恐狼袭击的人，一想起就不寒而栗。德阿蓬和大家商议，想请提可多拿出

办法来，消除恐狼的威胁，而且还要解决食物的短缺问题。可还没等大家去说，寒达篷已经来通知大家，首领命令猎手们收拾好武器，做好狩猎的准备。

一连半个月的晴天，洪水已经渐渐退却，提可多命令寒达篷带领猎手们出去狩猎，因为猛犸肉已经所剩无几。

寒达篷带着人出去侦察了一圈，两手空空地回来。原准备到山后去寻找猎物，可是山顶的赫达林来报告，山上出现恐狼踪迹，而且还像是狼群，他请求首领允许他们一家人暂时到山洞中躲避。寒达篷把赫达林的请求转告给提可多。

"到山洞中？"提可多怒不可遏，一个飞脚把寒达篷踢了个跟头，"这种话你还敢回来跟我说！他要进来了，别人也会跟着进来，那洞室里的秘密，我们还能守得住吗？你这个蠢货，你是不是想害死我？"

在那段时间里，寒达篷终于帮助提可多挖出了一个很深的大坑。他掘开墓穴，把雷吉特的尸体挖了出来，放到了没有红土的深坑中，断了雷吉特的"生命之血"。当他想把原来的墓穴重新掩埋上，却发现没有多余的土了，他只能到洞外用兽皮背着土回来填坑。可是一直下雨，他出洞挖土的机会不多，直到现在，那个深坑还没填满。洞室里有那么大的一个深坑，谁看着都会起疑心。幸亏山洞里只有萨拉和女儿杜尔宁，再加上寒达篷和老迈的女巫，所以暂时还能隐瞒得住。提可多当然不可能同意大家搬进来，否则的话，这个不可告人的秘密绝对守不住。

看到提可多狰狞的面孔，寒达篷不敢再说一个字，只得硬着头皮带着众人去后山捕猎。他们果然遇到了狼群，说到捕狼的技巧和经验，部落里的人谁也没有雷吉特丰富。再加上长时间没有狩猎，他们的士气比较低落，还没等狼群进攻呢，就打了退堂鼓。不但没有收获猎物，寒达篷还因为跑得急，一脚踩到了石头上的狼粪，从山坡上滚了下来，脚扭伤了，又红又肿。

寒达篷被扶回山洞时，还在痛苦地号叫着。提可多暴跳如雷，高声咒骂他不像个勇士。寒达篷吓得闭上了嘴，只得在自己的床前咬紧了牙关，忍受着针扎一

般的痛苦。

乌格摸索着走过来，她的骨杖碰到了寒达篷的床边："寒达篷，"乌格的声音嘶哑含糊，"我手头没有太合适的草药了，这是以前剩的一点药末儿，你拌了动物的油脂敷上，能稍微减缓一下疼痛。"女巫放下药，转过身，用骨杖点着地，摸索着回去了。

寒达篷只觉得自己的脸像火炭一样发烫，他身下的熊皮还是从女巫那里抢来的，因为这张熊皮厚实柔软。他挣扎着坐起来，依照女巫说的办法把药末儿敷在了伤口上，脚踝感觉到一阵清凉，果然没那么疼了。过了一会儿，他试着走了两步，虽然一瘸一拐，脚却敢着地了。他特别想去感谢一下女巫，可是又觉得没脸，特别是一想到女巫那双视力模糊的眼睛时，他就觉得脸红，如芒在背。正在寒达篷犹豫的时候，山洞里又传来了提可多的怒骂声。

萨拉躺在女巫的身边，这个可怜的女人全身伤痕累累，瘦得只剩下一把骨头。和她同样可怜的还有小女儿杜尔宁。这个女孩一直高热不退，自从几天前杜尔宁亲眼看到父亲把母亲打得吐血之后，就再也没有清醒过。女巫的草药快用光了，仍然不能让杜尔宁恢复神志。就在上个月，因为阻止提可多毒打萨拉，她被提可多一脚踢倒。而寒达篷扯着她的头发往外推搡时，头又撞在了石壁上。她昏迷了很久，醒来以后就看不清东西了。女巫的视力已经不行了，连行走都成了问题。

"如果没有药，这孩子怕挺不过去了。"女巫摸了摸杜尔宁的头，话到嘴边又咽下了。她知道萨拉没有办法，这个女人也只剩下一口气了，而自己已经走不出山洞了，就算出去，也无法分辨草药的种类。如果阿依达在就好了！女巫每天都念叨着孩子的名字，每次念及的时候，她都会做虔诚的祈祷。虽然形势并不乐观，但女巫仍然坚信神灵的存在，神灵让苍鹰部落接受严峻的挑战，但神灵不会抛弃大家。

一道闪电在洞口晃了一下，紧接着响了一个闷雷。女巫听到了雷声，摸索着

向洞口走去，碰到洞口的障碍物时，女巫停了下来。她知道，因为恐狼的到来，寒达篷每天晚上都会用石头和树干把洞口堵得结结实实。女巫停了下来，感受到一丝丝凉气从缝隙中透过来。女巫祈祷着：千万别下雨，明天她会请人传话，让德阿蓬或者赫达林他们采摘一些忍冬花来，实在没有的话，鸢尾花也行。如果有这些草药，杜尔宁或许还能有救。

辛布力正在他的"猛犸小屋"中，外面不时传来窸窸窣窣的声音。他透过一个小洞向外张望，黑暗中有星星点点的绿色光芒，是恐狼！到处都是！

辛布力紧紧攥住了手中的枪。其他那些住在石屋里的人都用粗粗的树干封堵了门口，他们还比较安全。恐狼也许意识到，它们的爪子是不可能抓破石屋的，所以这几天晚上它们一直围着辛布力的小屋打转转，有几次已经把爪子试探地伸了上来。

浩尔岭手中也有一支投枪，他毫无惧色地安慰着父亲："别怕，我已经9岁了，我会保护你的！你9岁的时候已经猎杀过狼和猞猁，我一定要做一个像你那样勇敢的猎手！"

辛布力13岁的时候才猎到了一只受伤的兔子，但他在给儿子讲述的时候却夸大了自己的英勇。此时，他看到浩尔岭那张斗志昂扬的小脸蛋，心中更是充满了酸楚和悲愤。

"明天就跟提可多说，搬回山洞，如果他不同意，我就和他拼了！"辛布力忍无可忍了。他又想起了雷吉特，如果雷吉特还活着，是不会让任何一个族人在危险中独自挣扎的。

浩尔岭让父亲尽管去安睡，可辛布力哪里睡得着。他想祈求神灵的保佑，但却不敢开口，因为他知道自己已经跟着提可多做了太多违背神灵旨意的恶事，不知神灵还会不会护佑自己？

夜更深了，辛布力无法入睡，强打精神在坚持着。浩尔岭却斜靠在床上沉睡

过去，但他的手还紧紧抓着投枪。辛布力这些日子疲惫不堪，不知不觉地就打了个盹儿，身子歪下去，撞在了门口支撑的猛犸象牙上。"咔啦啦……"象牙倾斜了下来，房架上那根脆弱不堪的木头更是随之断裂，"猛犸小屋"坍塌了。

恐狼们开始进攻了！

孩子的惨叫声响彻夜空，惊醒了苍鹰部落的族人。德阿蓬呼喊着大家，一齐举着火把冲了出来，正在撕咬的恐狼看到四周晃动的火把，最终选择了退却。

大家齐心协力把那张破烂不堪的兽皮扯到一边，血腥的场面让猎手们不忍目睹。一支投枪斜斜地插在地上，浩尔岭被恐狼吃得尸骨不全，辛布力则满脸鲜血。猎手们过去搀扶辛布力，却见他猛地跳了起来，挥舞着胳膊哈哈大笑："猛犸小屋……猛犸小屋……"

辛布力抢过一支火把，朝山下跑去。跑了几步，摔了一个跟头，火把也熄灭了，但他跳起来继续奔跑。德阿蓬他们赶紧去追，可没有追上进入了疯狂状态的辛布力，黑暗中，谁也不知道他跑向了何方。

❦ 第 三 节 ❦

蒙可和阿依达走了弯路。他们再度翻越惠特尼山后，发现科罗拉多河的很多条支流都在涨水，这使得他们不得不经常绕路。当他们历经千辛万苦重新来到野狼岭时，又看到了成熟的野麦子。阿依达计数着日子，如果迈阿腾没有走弯路，那么恐怕早就到达了猛犸河谷，不知道他是否已经惩治了凶残歹毒的提可多。

蒙可看着阿依达，她似乎又长高了一些，脸上的稚气也少了很多，高挑的身材，棕色的长发，再加上那双湛蓝的眼睛，越发漂亮了。阿依达发现蒙可在盯着自己看，她有些脸红："蒙可，你不用说了，你都变得和乌格一样唠叨了。我知道，我得冷静，冷静，再冷静！已经发生的事，我着急也没有用，对不对？"

蒙可笑了起来，然后用手往前一指："穿过这片丛林，就是野狼岭了。"

阿依达早就注意到了，这里是她曾经走过的地方，也是她和埃塔分离的地方。事实上她刚才一直在寻找，希望能找到猛犸的足迹。她有太多的担心，担心它们迁徙到了远方——那样的分离或许会让她难过——她更担心邪恶的提可多已经下了毒手，把这些猛犸全部杀害了。

"啊呜——"一声吼叫从林中传来，加尔琪敏感地支起了耳朵。"是剑齿虎！"蒙可一拉阿依达，想和她钻进树林里躲一躲。谁知道阿依达却挣脱了他的手，不顾一切地向前跑去。

蒙可吃了一惊，但随即就明白过来：前方跑过来一头身材还没有长成的幼年猛犸，后面紧随着几只剑齿虎。蒙可这下紧张起来，他和阿依达两个人，怎么能对付得了这么多剑齿虎？但是他深知阿依达对猛犸的感情，她不可能见死不救，而他自己更不可能置她于危险之中。

此时不容多想，蒙可握紧了手中的枪，大步流星地赶了上去。阿依达已经冲到了猛犸前面，这头幼年猛犸，难道是阿贝吗？她来不及多想，因为她面前已经围过来三只剑齿虎：两只半大的雄虎走在前面，一只成年雌虎跟在后面。阿依达手中的飞石索抡了起来，尽管她知道飞石对剑齿虎的威胁并不大，但是不管怎么样，她也得主动进攻，绝不能退缩！蒙可随即冲了过来，已经准备投掷手中的投枪。就在这时候，阿依达看清了后面的剑齿虎，那是一只缺了一枚犬齿的雌虎，她脑子里灵光一现，大叫了一声："星辰！命运！"

两只年轻的剑齿虎早就停下了脚步，它们望着阿依达，其中一只懒洋洋地伏了下来，另一只却欢快地冲了上来，把她扑倒在地。蒙可惊讶地看着剑齿虎和阿依达抱在了一起，感叹着：她曾经喂养过的两只幼崽已经长得这么大了。

加尔琪本来躲得远远的，此时它也似乎闻到了那种熟悉的味道。它试探着走过来，看那只成年的雌虎已经停在了稍远的地方，并没有攻击的意图。加尔

琪的胆子大了些，凑近了懒洋洋伏在草丛中的命运，用鼻子嗅了嗅它的味道。命运睁开了眼睛，加尔琪吓得退后了一步，随即它又凑上来，这一回，它蹭了命运几下，命运不理不睬的，但也没有赶走它的意思。

"星辰，你把我的衣服抓坏了，你还是那么淘气！"阿依达抱着星辰，吻了吻它的额头，"还有命运，你还是不理我，是吗？"

"昂呜——"远处传来几声猛犸的叫声，看来成年猛犸们正在往这边赶来。断齿的雌虎低吼了几声，转身向林中走去。星辰放开了阿依达，跟上了母亲，偶尔还会停下来，留恋地看看阿依达。它又叫了几声，因为它看到命运仍然懒洋洋地伏在地上。可是命运没有理会母亲和星辰的呼唤，它似乎已经睡着了，任由加尔琪在身边玩耍。阿依达招呼着命运，让它随母亲离去，但是命运不为所动。阿依达摇摇头，看来命运注定是一只永远唤不醒的剑齿虎了。她看到雌虎和星辰在远处等了一会儿，然后径直走进了丛林，也许它们也习惯了命运的懒惰，已经对它无可奈何了吧。

一头猛犸跑过来，直奔刚才幼象逃跑的方向追去。这下阿依达认出来了："海茜，海茜！"

海茜停了一下，但它看到了伏在草丛里的剑齿虎，不再停留，迅速地跑开了。

"海茜在这儿，它们一定也在这儿，埃塔……娜拉……"阿依达高声叫喊起来，却没有得到回应。

蒙可掏出了一把手斧，按照晨达旭教的方法，用热水把一块野牛的骨头烫软，切开一个口，把燧石斧头嵌进去——等到骨头冷却后，斧头就牢牢地固定住了，非常结实。斧子有了把手，使用起来便得心应手了，所以他现在的砍树效率非常高。太阳刚要落山的时候，他就做好了木筏子。在丛林寻找了半天却一无所获的阿依达伤心极了，海茜在这儿，埃塔和娜拉它们应该不会太远啊？难道有什么意外吗？但这次她却没有任性，她也知道赶回部落才是头等大事。蒙可正想夸奖她懂事了，

但阿依达却告诉他，她找不到埃塔，所以更不想离开命运了，她想把命运带到木筏子上，和他们一起渡河。

蒙可觉得这想法过于离谱，他甚至不敢想象，带着一只虎和一只狼，怎么去面对族人和家人，但他最后还是默许了。不知道为什么，他就是看不得阿依达流泪的样子。至于如何面对大家，只能过河再说了！加尔琪有过一次坐木筏子的经历，但那次它是被封在皮袋里，这次它被蒙可抱了上去，居然能站得稳稳的。命运也不含糊，居然听懂了阿依达的命令，纵身跳了上去。

因为天黑，蒙可划得很小心，到达对岸时，夜已经很深了。借着月亮的光辉，蒙可和阿依达迅速上山。他们边走边商量着，绝不能贸然行事，应该先想办法找到家人，了解一下情况再说。

突然间传来一声怪叫，一个衣衫被扯得破烂不堪的人从树林中跳了出来。他全身上下到处是伤，脸上和身上沾满了泥土和鲜血。他手里举着一支已经灭掉的火把，一边疯狂地挥舞着，一边歇斯底里地叫喊着："猛犸小屋……猛犸小屋……"

蒙可听着声音熟悉，不禁轻呼了一声："辛布力！你……"

辛布力没有理会，边喊边向山洞的方向跑去。

阿依达吓了一跳，她没见过这么恐怖的人。随即，从丛林里窜出几匹恐狼，奔着那个疯狂的人追了上去。加尔琪狂叫起来，它竟然冲了上去，追咬着那几匹恐狼。说时迟，那时快，一直迷迷糊糊的命运蓦地睁开了眼睛，一跃而起，紧紧地跟着加尔琪。

阿依达刚要追上去，猛然间蒙可手中的枪飞了出去，左前方一匹恐狼发出一声凄厉的嗥叫，被投枪击中了要害。另一匹恐狼也跑了出来，阿依达的飞石索"呼"地就甩了出去，准确无误地打在恐狼绿莹莹的左眼上，恐狼哀嗥一声，还没等它有所反应，蒙可已经拔出了第二支投枪，枪尖刺进了它的嘴里。

树林中又发出了簌簌声，有几匹恐狼看到眼前的猎手这么凶悍，它们选择了迅速逃离。"怎么这么多恐狼？"蒙可忧心忡忡地说，"辛布力怎么变成这个样子？山洞里别是出了什么事？难道又被恐狼袭击了吗？阿依达，我们……我们是去找加尔琪，还是先摸进山洞问明情况？"

第 四 节

月光下，寒达篷搬开了山洞口的石头，一瘸一拐地走出来。他吃力地把那张猛犸皮展开，切掉破碎的地方，把剩下一块较为完整的皮子卷了起来，拖回了山洞。在洞口，寒达篷遇到了呆呆站立的女巫。他一边重新封堵洞口，一边告诉女巫辛布力一家的惨剧。女巫没有任何反应，只是在寒达篷准备搬上最后一块石头时说了一句："别堵了，我想透透气！"

寒达篷愣了一下："可是，如果恐狼进来……"

"别堵了，我想透透气！"女巫又说了一句。

寒达篷迟疑了一下，还是把石头堵了上去。他不敢留下空隙，因为他害怕提可多发怒——一想到辛布力一家的惨样，寒达篷就有一种极其恐惧的感觉。

寒达篷放下兽皮，又提起装满油脂的皮袋——这是一只用马鹿的完整膀胱制成的油袋——给洞室里的石灯添满了油。提可多亲手把猛犸皮铺在了掩埋雷吉特的深坑上，刚好能遮住，这下别人就看不出破绽了。为了不被人发觉，提可多轻易不敢离开洞室。"寒达篷，"他一瞪眼睛，"你还像个勇士吗？别在我面前做出这种痛苦的表情！你扭个脚就龇牙咧嘴，我都替你害臊！你明天赶紧上山挖土，这个坑总要填上的。"

寒达篷倒吸了一口凉气，这两天恐狼频繁出没，自己现在上山去，还不是喂了狼？他不敢反驳，只是赔着小心说："提可多，外面到处是恐狼……有人

说这些恐狼原来都在野狼岭，现在跑到这边来，肯定是那边的食草动物被它们吃光了！"

提可多"哼"了一声："没见识的蠢货！那是因为长毛象——它们一定藏在那边——它们太能吃，只要它们在那里长期生活，食草动物肯定缺少食物。洪水退了，食草动物跑到我们这边来了，恐狼自然跟来。该死的长毛象！寒达篷，你再去看一下，我们还是继续捕杀长毛象吧，捕到一头就够吃一阵子的。"

寒达篷咧着嘴说："我这脚伤得养几天——哎哟……"

他还没说完，提可多一脚踢在寒达篷的伤处，疼得他捂着脚跌坐在了地上，汗珠子噼里啪啦掉下来。提可多骂道："你住在山洞里，风吹不着雨打不着，别人缺少食物时，你吃得满嘴流油。现在用得着你了，你却想往后缩，难道你想学辛布力吗？不要以为我对他无情，我早就发现他拿肉偷着往山顶上送，他居然背着我去帮赫达林一家，光凭这一点，他就该死！你要不要学他？"

寒达篷连声求饶，并保证明天就过河去寻找猛犸。提可多骂道："滚，明天如果查不到猛犸的消息，你自己去坑里睡觉——睡长觉——永远别醒！"

寒达篷连滚带爬地出去了，跳着脚跑到油灯下，检查了一下伤口，伤口上的药全被提可多踢掉了，脚踝肿得更加厉害了。

提可多满意地看着兽皮，以前那个深坑暴露在外面的时候，他总是感觉到心虚，现在用猛犸的皮盖上了，他这颗悬着的心也可以放下来了。

突然间，他兴奋起来，又到石壁上画了几笔。这一回，他画了一个很大的陷阱，里面有好多头被投枪扎死的猛犸。他将要再度去猎杀猛犸，让部落里的人永远臣服于他。他要用无穷无尽的猛犸肉来控制族人，听话的就有食物吃，不听话的就饿肚子。他要让大家知道：什么"水晶草"，都是虚无的传说，只有他提可多才是救世主，部落里所有人都将被他所掌控！

❧ 第五节 ❧

萨拉枯柴般的双手紧紧地抓住了女巫，力量如此之大，让女巫不敢相信她是个垂死的人。"乌格，神灵会宽恕我的罪过吗？"

女巫安慰她说："萨拉，你一向善良，神灵不会怪罪你！"

萨拉喘息起来，声音也变得软弱无力："我……我……给别人下了毒，神灵也会宽恕我吗？"

下毒？女巫愣住了。萨拉居然露出了一丝笑意："提可多……杀了雷吉特，又害死了巴汗，我每天在肉汤里，都给他放了……曼陀罗。"

乌格吃了一惊，最近提可多脾气越来越暴躁，经常发疯发狂，原来是大花曼陀罗侵蚀了他的神经。她知道，萨拉的生命就要消逝了，她只能做最后的安慰了："萨拉，神灵不允许我们侵害别人，可是当你的本意是剪除暴虐，挽救更多的生灵时，那就是神灵对你的启示，这也是做善事的一种方式。你放心，神灵会宽恕你的！"

听了女巫的话，萨拉如释重负。她的呼吸变得急促起来，紧抓着女巫的双手颤抖个不停："乌格……求你……救救我的孩子……"

乌格点了点头："只要明天能找到忍冬花，我保证她……萨拉……萨拉……"

可怜的女人已经停止了呼吸。

乌格只觉得胸中郁闷。她是神的使者，却救不了萨拉，也救不了雷吉特和巴汗。她眼睁睁看着提可多对族人那么残暴，却无力改变这些现状。迈阿腾、蒙可、阿依达……这些能拯救部落的人，究竟去了哪里？神啊，你什么时候才能给我新的启示，让族人看到新的希望？乌格颤颤巍巍地摸索着前进，她摸到了洞口，"砰"的一声，用力撬下堵住洞口的一块石头，一缕新鲜的空气透进来，乌格大口大口

地呼吸着。就在这时，她听到山洞里传来了极其惨烈的叫声："啊——"

乌格的腿一软，一下子瘫倒在地。怎么可能？怎么可能有迈阿腾的声音？

提可多躺在兽皮上，他的神志已经模糊，眼前出现了幻觉，来自于记忆深处的种种影像——地浮现出来。迈阿腾培养他成为了第一勇士，对他非常信任；迈阿腾要去寻找"水晶草"，他本以为部落首领的位置一定是他的，谁知道却交给了沉稳宽厚的雷吉特；迈阿腾将要远行的前一天晚上，巴汗守在洞口想挽留首领，他也潜伏在洞外想质问迈阿腾……但是他们谁也没有等到迈阿腾出来，迈阿腾和那个奇尔达策都像是无端消失了。

雷吉特对自己非常友好和宽容，但是不许猎杀猛犸的誓言，影响了他的宏愿；他多次违规，多次被雷吉特警告；他培植心腹力量，暗中散布"水晶草"的谣言，只要部落的生存离不开狩猎，他的勇士地位就不会动摇；女巫的回归，阿依达的出现，让他感受到了威胁；女巫向来是雷吉特的重要帮手，随即他就被剥夺了部落二把手的地位；拟狮凌空而至，雷吉特的舍身救护，他的趁势偷袭……不寒而栗的噩梦，野狼岭的猎杀，巴汗被甩落悬崖，受伤猛犸的惨叫……

啊哈哈……我还是成功了，我是不可战胜的勇士！雷吉特，你死在勇士的手里，你应该接受这个结果……提可多被自己的狂笑惊醒了。猛然间，他一跃而起，脸色变得惨白，谁在这儿？

借着室内石灯的光亮，提可多发现洞室内站着一个人，但绝不是寒达篷！他下意识地去摸枪，却忘了枪放在哪儿。那个人却开了腔："提可多，你也老多了！"

"你是……你是……迈阿腾！"提可多终于认出来了。他不敢相信自己的眼睛，只觉得两腿发软，喉咙发干，"你……你还活着？你什么时候回来的？怎么进来的？你遇到谁了？"

"提可多，你还是那么急躁。"迈阿腾淡淡地说，"我回来很久了，只是'水

晶草'如果不能顺利地生长出来，我是不好进山洞来见大家的。"

提可多的神经几乎快崩断了。他十分清楚，迈阿腾在部落里的地位和影响力是不可替代的，如果他真的把"水晶草"种出来，那他的地位会更加牢不可破。自己杀害雷吉特的事，早晚会被他查出来，到那时候只有死路一条了。

迈阿腾的脸色异常冷峻。当年他让雷吉特当首领，就知道提可多会对这个决定耿耿于怀，但是在这个世界上，光凭着个人勇敢是无法生存下去的，而雷吉特的宽厚与智慧，却可以让族人更加团结，共同应对变幻莫测的生存环境。

可提可多却不能理解这些，他咬牙切齿地说："迈阿腾，我以前对你是那么忠心，你却把首领的位置让给了平庸的雷吉特！你只会说我脾气暴躁，可是你想过没有，我的勇敢对族人有多么重要。我猎杀了长毛象，我的功绩远远超过了你们！你的'水晶草'能有长毛象的肉好吃吗？"

迈阿腾冷冷地看着他："提可多，如果猛犸被你打光了，我们还吃什么？吃剑齿虎？如果剑齿虎也被杀绝了呢？"迈阿腾在克洛维斯人的部落里生活了多年，亲眼看到他们用尖利的矛枪猎杀了大量的野生动物，使得那一带的许多动物几乎灭绝，为此他深感忧虑。如果某一天，这些动物全都被杀光了，人类将要靠什么存活下去？他庆幸自己的族人还能遵守"禁杀猛犸"的誓言，没想到提可多竟然违背了誓言！雷吉特在哪儿？怎么能允许族人睡在洞室里？

想到这些，迈阿腾抬腿向洞口走去。猛然间，他发现了脚下那块兽皮，他俯下身子仔细观察，是猛犸的皮！他愤怒地转过身来，却发现提可多已经把锐利的矛枪对准了自己。

"迈阿腾，你还是轻视我！"提可多恶狠狠地说，"世上的动物多的是，没有你的'水晶草'，我一样能让族人吃饱。迈阿腾，你就不该回来……"

提可多一枪刺过去，迈阿腾身手敏捷，迅速地往左边一侧身，避开了枪尖，并一把抓住了枪身。可是提可多顺势就是一脚，迈阿腾往后退了一步，一只脚正

踩在那张猛犸兽皮上，掉进了那个深坑里。提可多已经夺过了矛枪，狠狠地刺了下去："雷吉特就在下面，两个'伟大'的首领这回可以重逢了！"

看到迈阿腾血淋淋地栽倒在坑里，提可多就像被抽空了筋骨似的，烂泥一样瘫在地上，汗如雨下。好半天他才缓过神来，挣扎着爬起来，用矛枪把那张兽皮挑起来，重新铺好。做好这一切，他再也站不起来了，像匹垂死的狼，伏在地上喘了好一阵子粗气。"他早就回来了？躲在哪里？'水晶草'种好了？又是在哪里种的？"提可多用矛枪支撑着地面，好不容易站了起来，心里充满了疑惑：洞口堵得严严实实的，迈阿腾到底是从哪里进来的呢？难道他真会穿越石壁吗？就像他离开时那样？

他环顾四周，猛然间发现苍鹰守护神的图腾有点歪斜，怎么会是这样子？他举着石灯，轻轻地走过去，发现地上多了几粒白色的东西，他捡起来仔细辨认，像是用某种动物的牙齿打磨而成，但绝对不是山洞里的东西。提可多伸过手去，揭开了图腾，"呼……"一阵风吹进来，吹得石灯的火苗歪向了一边。提可多伸手一推，几块石头"砰"地倒了下去——图腾后面的石壁上，居然有一道深深的缝隙。

第六节

东倒西歪的树干，零零碎碎的兽皮，嵌着半只手掌的投枪，浓重的血腥味道……蒙可和阿依达震惊了，他们不知道是谁遭受了毒手。蒙可担心着族人，担心着亲人。阿依达却有着另一层悲愤—— 一根巨大的尖牙栽倒在地上，另一根歪斜着伸向天空，在月光的映衬下发出惨白的光，像是正对着神灵悲哀地控诉——控诉人类的残忍猎杀——这分明是猛犸的牙！

阿依达的心像是掉进了冰窖里，不会是埃塔、娜拉吧？她心如刀绞，但她还

是强迫自己冷静下来，因为她已经感受到了蒙可的激动，在这种情况下，冲动将会带来毁灭性的后果。她小声提醒着蒙可，两个人平复了一下心神，继续向洞口走去。

多亏洞口有一道缝隙，蒙可能伸进手去，把堵在洞口的石头轻轻搬了下来。他和阿依达蹑手蹑脚摸进了山洞，找到了原来赫达林和阿姆的住处，却发现那里空无一人。不光是那里，整个山洞都寂静无声，透着一股阴森森的气息，人都到哪里去了？蒙可不敢继续想，他快要崩溃了，身体不由自主地颤抖起来。阿依达立刻感觉到了，她紧紧地握住了蒙可的手，用小手指在他的手心里划来划去，让他冷静下来。

两个人四处寻找，终于发现了一点亮光，寒达篷正在灯光下捧着脚踝呻吟。蒙可悄悄过去，一把捂住寒达篷的嘴，示意他不许出声。寒达篷点了点头，等蒙可慢慢松开，他才带着哭音说："提可多疯了，他杀了雷吉特，又杀了巴汗，还打死了萨拉！刚才我听到洞室里面有打斗的声音，还有惨叫的声音，不知道他又……"

"他杀的是迈阿腾……"女巫摸索着走过来。阿依达一下子扑了过去，搂住了她的脖子："乌格，亲爱的乌格，你的眼睛怎么了？"

"阿依达！"女巫第一次流出了眼泪，"阿依达，真的是你，我亲爱的孩子！苍鹰之神保佑，你们平安回来了。你们要小心，提可多已经疯了，我刚才听到了迈阿腾的惨叫声，他可能遇害了！"

蒙可的牙齿咬得"咯咯"作响，眼睛里闪现着无法遏制的怒火，像是一头被激怒的雄狮，提起投枪冲向了那个洞室。阿依达松开了乌格，紧随了上去。两个人冲进了洞室，却发现里面空无一人。"提可多，你这个卑鄙的家伙，给我滚出来！"蒙可怒喝着。

没有人回应他，只有角落里那两盏石灯忽明忽暗，闪烁着昏黄的光亮。两个

人观察着四周，满怀戒备地往里面走着。猛然间，阿依达踏上了兽皮，一下子陷落了下去，随即，她的手触摸到了一张冰冷的人脸，吓得她惊叫起来："蒙可！"

蒙可看到眼前的变故，他急忙伏下身子，伸手去拉阿依达。冷不防背后有人踢了他一脚，他一下子栽了下去。阿依达把他扶起来，两个人抬起头，看到了一张丑恶的面孔。

"今天可真热闹！"提可多狞笑道，"我等你们很久了！你们死在这里，应该感到万分荣幸，因为两任首领——迈阿腾和雷吉特都葬在这里！如果还有空地，我可以让女巫也下来陪你们！哈哈哈……从今以后，再也没有人能够威胁到我了！"

在提可多手中石灯的照射下，蒙可看到了停止呼吸的迈阿腾，他的身边散落着用乳齿象牙加工成的玉石。蒙可的眼中几乎要冒出火星来，恨不得把提可多撕成碎片。阿依达已经把飞石索抓了出来，可是空间有限，她无法将石头准确地甩出去。他们束手无策，只能眼睁睁地看着提可多那张邪恶的嘴脸在狂笑："哈哈……蒙可，不可战胜的勇士；哈哈……阿依达，你的飞石呢？你们别费事了，我现在一枪一个，就能戳死你们。但我看你们两个都这么年轻，这么俊美，我想，还是烧死你们吧。火焰烧在身上的时候，你们会相拥在一起，我让你们生生死死在一起，你们是不是更应该感谢我呢？"

提可多一转身，把那只装满油脂的皮袋提了过来。他解开袋子，猛犸的油脂倾泻了下来，蒙可和阿依达无处可避，从头到脚被淋了一身。提可多笑得更加得意了，他刚想把石灯掷下去，猛然间一道黑影闪过，死死地咬住了他的手腕。提可多手中的石灯倒扣在了地上，灯光瞬间熄灭。借着洞室角落里的灯光，提可多看到一只半大的灰狼。他一脚蹬过去，那只狼被他踢飞了出去，重重地摔在了石壁的图腾上，图腾落了下来，现出了一道黑黑的裂缝。

"加尔琪！"阿依达在坑底叫了一声。加尔琪出现了！命运在哪里？此时，

她看到提可多已经抓起了矛枪，对准了她和蒙可，她紧紧地扑在了蒙可的身上，希望用自己的身体挡住枪尖。可是蒙可却用力把她推到一边，挺起宽厚的胸膛迎接提可多的矛枪。"命运！"阿依达发出了悲哀的呐喊，她把最后的希望寄托在了命运身上，但她却不敢过于奢望——命运毕竟不像星辰那样聪慧。这一刻，阿依达的内心充满了悲哀：她悲叹父亲的命运、迈阿腾的命运、巴汗的命运、乌格的命运、蒙可的命运、加尔琪的命运……

"啊呜——"一声怒吼传了过来，命运凌空跃起，迅猛地扑了上来。提可多猝不及防，被扑倒在地上。但这个经验丰富的猎手很快反应过来，他抓紧手中的矛枪刺了过去，但一向慵懒的命运却奇迹般地躲过了，并且伸出爪子把矛枪打飞。提可多见势不妙，翻身跃起，拼命朝洞外跑去。命运在后面紧追不舍，提可多仗着熟悉地形，居然顺利地跑到了山洞之外。

月光下，提可多直奔那一堆废弃物，因为他看到了那根戳在地上的投枪。提可多冲过去一把抓住投枪，转过身来，向着扑过来的剑齿虎重重地刺了出去。就在这千钧一发之际，一个身影跳出来抱住了他，嘴里疯疯癫癫地喊着："猛犸小屋……猛犸小屋……"

锐利的投枪刺穿了这个人的身体，但是提可多也被这个人扑倒，他的后背正倒在那根斜伸的象牙上面——尖利的象牙穿透了提可多，也穿透了扑倒他的人——辛布力。

尾 声

天边的第一缕曙光露了出来，部落里的人先后打开了各自的石门，他们被眼前的惨状震惊了。他们纷纷奔进山洞里，女巫和寒达篷向人们诉说着提可多的罪恶。大家争先恐后地奔进洞室，他们看到了一个大坑，也看到了已经没有了气息

的迈阿腾，还看到苍鹰图腾落了下来，石壁上露出了一道人身可以穿过的裂缝。

沿着这条长长的裂缝走过去，人们看到了一片开阔地。阿依达和蒙可站在一排排植物中间，那些植物像卫士一样排列整齐，每根粗壮的秆上都长着棒子一样的果实，它们包裹着绿色的衣裳，还长着褐色的须发，微风吹过的时候，就像少女的发丝在风中飘荡。有几穗果实被剥掉了外衣，露出了洁白如玉、颗粒饱满的米粒，散发出诱人的清香。

阿依达和蒙可正指向对岸："那不是野狼岭吗？原来还有这样一条近路。"

"'水晶草'？难道这就是'水晶草'吗？"德阿蓬兴奋地叫了起来。赫达林却只顾看着儿子，激动得话都说不出来了。

"对，正是'水晶草'！"阿依达愉快地说，"迈阿腾尊奉苍鹰之神的旨意，给我们带来了'水晶草'，它可以让我们的族人永远不会再有饥饿！"

阿依达走出山洞，目送命运走入了后山的丛林。慵懒的命运在即将步入丛林的时候，竟然回了一下头。这一刻，阿依达黯然神伤，不知道什么时候才能与它再次相见。她不知道这变幻莫测的天气，会不会给剑齿虎带来威胁，更担心当它们碰到武器越来越精良的人类时，会遭遇到什么样的命运。虽然人类的力量远远弱于猛兽，可是日益发达的大脑却让人类成为了地球的主宰。在人类面前，再强大的动物也难逃灭绝的命运[1]！

阿依达正在沉思，忽然听到远处传来了一声厚重的"昂呜——"一队猛犸蹚过了山脚下的河水，它们又将踏上征途，继续它们的生命之旅。它们也许没有理性的判断能力，但绝对不缺乏义无反顾的勇气。正是这种勇气使猛犸顽强地行走在大地上，哪怕旅程中充满了惊险：掠食者的领地、深浅不一的河流、寒冷刺骨的冰天雪地……但它们不会退缩，它们将一往无前，它们将周而复始，重复着这条曲折痛苦而又不可回避的生命之途[2]！

"你们又要迁徙了吗？"阿依达的眼眶盈满了泪水，"埃塔……"

阿依达的眼泪像珍珠一样掉下来。蒙可走过来，拍了拍她的肩，让她看自己手中的"水晶草"："你看看这些'水晶草'，长得这么旺盛，每一粒都是那么晶莹光滑，像你的牙齿，像你的眼泪，也像你脖子上的玉石。"

阿依达抹了一下眼角："真的……真的很像！"

很多年后，大家都把这种"水晶草"叫作——玉米[3]！

① 生物进化史上共发生过六次动物灭绝事件，1万年前的"全新世灭绝事件"是广泛而持续的一次，涉及的灭绝集群包括了很多植物及动物，大部分都是发生在雨林内。

② 人们原来认为，在大约距今1万年前，长毛猛犸象就已经在欧洲、亚洲和北美洲的北部草原灭绝。现在，一个最新确定年代的标本表明，猛犸象生存到了全新世之后很久，最后一批西伯利亚猛犸象大约灭绝于公元前2 000年。

③ 玉米的培植对人类贡献巨大。玉米本是美洲的一种野生植物，经过人类的培育，变成了高产的粮食品种。玉米的营养价值高、产量大，传播到全世界后，成了世界上许多地方的主要食粮，为人类的延续和发展做出了不可磨灭的贡献。

我国在明朝中期引进种植玉米，随之人口开始了爆发式增长。几千年来，中华民族赖以生存的"五谷"是水稻、小麦、谷子、高粱和大豆。但16世纪初期，这位美洲来客很快就后来居上，以惊人的适应能力在我国南北各地安家落户。到1846年，在清代学者包世臣所著的《齐民四术》里，玉米已经与五谷并列，跃升到"六谷"的地位，成为人们"持以为终岁之粮"的主要粮食作物。